· 可可爱爱的世

厉害的圣甲虫

吉竹伸介插图本

[法]法布尔 著 [日]奥本大三郎 企划
[日]吉竹伸介 绘 陈静 宋傲 译

中信出版集团|北京

图书在版编目（CIP）数据

厉害的圣甲虫 /（法）法布尔著；（日）吉竹伸介绘；
陈静，宋傲译. -- 北京：中信出版社，2022.9（2023.11 重印）
（可可爱爱的世界名著）
ISBN 978-7-5217-4542-9

Ⅰ.①厉… Ⅱ.①法…②吉…③陈…④宋… Ⅲ.
①昆虫学—青少年读物 Ⅳ.① Q96-49

中国版本图书馆 CIP 数据核字（2022）第 121974 号

KONCHUKI SUBARASHIKI FUNKOROGASHI by Daisaburo Okumoto & Shinsuke Yoshitake
Copyright © 2021 Daisaburo Okumoto & Shinsuke Yoshitake
All rights reserved.
Original Japanese edition published by Rironsha Co., Ltd.
Simplified Chinese translation copyright © 2022 by CITIC Press Corporation
This Simplified Chinese edition published by arrangement with Rironsha Co., Ltd., Tokyo, through HonnoKizuna, Inc., Tokyo, and BARDON CHINESE CREATIVE AGENCY LIMITED

本书仅限中国大陆地区发行销售

厉害的圣甲虫
（可可爱爱的世界名著）

著　　者：[法]法布尔
企　　划：[日]奥本大三郎
绘　　者：[日]吉竹伸介
译　　者：陈静　宋傲
出版发行：中信出版集团股份有限公司
　　　　　（北京市朝阳区东三环北路 27 号嘉铭中心　邮编 100020）
承　印　者：北京盛通印刷股份有限公司

开　　本：787mm×1092mm　1/32　　印　　张：5.5　　字　　数：65 千字
版　　次：2022 年 9 月第 1 版　　　印　　次：2023 年 11 月第 4 次印刷
京权图字：01-2022-2905
书　　号：ISBN 978-7-5217-4542-9
定　　价：20.00 元

版权所有·侵权必究
如有印刷、装订问题，本公司负责调换。
服务热线：400-600-8099
投稿邮箱：author@citicpub.com

目 录

Ⅲ 译者序

001 圣甲虫
045 本能的技能
075 本能的无知
101 遗传论
125 我的学校

译者序

《昆虫记》(*Souvenirs Entomologiques*)又称《昆虫世界》《昆虫物语》《昆虫学札记》《昆虫的故事》，该书出版于十九世纪末二十世纪初，共计十卷，每一卷由若干章节组成，每个章节都详细、深刻地描绘了一种或几种昆虫的特征和生活习性，全书共涉及六百多种昆虫，可谓是一部"昆虫史诗"。

小学的时候，我就已经拜读过《昆虫记》了，而在读完法文原著之后，我更加惊叹于此书的魅力。它那诙谐生动的写作口吻与行云流水般的笔触决定了这本书不仅仅是一部专业的科普作品，更是当之无愧的文学经典。我不禁好奇是哪位科学家拥有如此诗意的灵魂。答案是法国著名的昆虫学家、动物行为学家和作家——让·亨利·卡西米尔·法布尔（Jean Henri Casimir Fabre）。法布尔几乎将自己一生的光阴都用在对昆虫世界的观察和研究中，而他又把毕生心血都凝结在了这十卷《昆虫记》当中。作为译者，也作为读者，我何其有幸能够品尝这枚甘甜的硕果，并赋予它新的面貌与生命。

大家可能在此之前已经对法布尔有所了解，但作为译者，我还是想透过法布尔的生平，来向大家揭示"法布尔精神"的真谛。

1823年12月，法布尔出生在法国南方一个清贫的农村家庭。幼时，他一度被寄养在祖父母的农场里，他会在蔚蓝的天空下，在鸣蝉的歌声中观察花朵、小草和各种动物。正是在那里，他养成了敏锐的洞察力，和大自然建立了亲密的关系。七岁的时候，他回到了父母身边，他们一家为了生计辗转各地生活，他曾在无奈之下中断学业，去卖柠檬、修铁路，但他始终没有放弃学习和对昆虫学的热爱，先后取得了物理数学学士学位和自然科学学士学位，并在31岁那年取得了自然科学博士学位。也是在这一年，他开始了对鞘翅目昆虫的研究。1857年，他发表了处女作《节腹泥蜂习性观察记》，这篇论文修正了当时的昆虫学祖师列翁·杜福尔的错误观点，由此赢得了法兰西研究院的赞誉，被授予实验生理学奖。达尔文也给了他很高的赞誉，在《物种起源》中称他为"无与伦比的观察家"。终于，1879年，也就是在五十六岁的时候，法布尔将二十多年的观察资料编成了《昆虫记》第一卷。1880年，他终于拥有了一间"昆虫学实验室"，那是他用积攒的稿费所购得的一座老旧民宅。他风趣地将其命名为"荒石园"，荒石园虽然荒芜不毛，但却是矢车菊和膜翅目昆虫钟爱的土地,就这样,法布尔蛰居在荒石园,一边进行观察和实验,一边整理前半生研究昆虫的观察笔记、实验记录、科学札记等资料,完成了《昆虫记》的后九卷。终于,1907年,《昆虫记》第十卷问世。八年后,九十二岁的法布尔在他钟爱的昆虫陪伴下,静静地长眠于荒石园。

法布尔的一生或许坎坷、拮据,但他却永远保持着天真和热血,永远为自己所热爱的事业奋斗不息,永远不轻易言败。他曾说过:"您想在才智方面取胜吗?那么最好的办法就是终日而思。"他一生都在践行着这句话,偏见、贫穷、疾病和孤独,都不能让他停下追求真理、探索真相的脚步。在我看来,"法布尔精神"就是"追求真理""永远向前"。默忒林克称他为"昆虫界的荷马",戏剧家罗斯丹曾评价说:"这个大科学家像哲学者一般地想,美术家一般地看，文学家一般地感受而且抒写。"的确，法布尔的书中所讲的不仅仅是昆虫的生活，也体现出作者对人生、生命、自然的感悟和态度，渗透着深厚的人文关怀，字里行间都洋溢着睿智的哲思与优雅的情致。即便在去世一个世纪后，他仍然是各大昆虫学专家和昆虫业余爱好者们的榜样。因此，翻译法布尔的作品着实不是一件易事，我常常不得不绞尽脑汁地去搜刮最贴切、生动的表达。但在我看来，翻译此书却更是一件乐事。每当我进行翻译工作的时候，都忍不住在电脑前从天亮坐到天黑。是的，虽然隔着时间与空间，但我仍然被这本书的内核所深深吸引，不忍心在章节的一半处中断，更按捺不住想认识下一个"主人公"的好奇心。我会不断地在心里发问：然后呢？这些可爱的小昆虫接下来又会做出什么样的有趣举动？

所以，各位亲爱的读者，请打开这本《昆虫

记》吧,你会进入法布尔那奇妙的、充满生命力的昆虫王国。在那里,你可以观察各种昆虫的一举一动,熟悉它们的性格与喜好,与它们成为朝夕相处的密友。希望你能够在法布尔构建的神奇世界里经历一段奇幻之旅。

陈静

圣甲虫

事情的经过是这样的,我们一行五六个人,我是其中年龄最大的,是他们的老师,更是他们的伙伴和朋友;这群年轻人,内心火热、酷爱想象、朝气蓬勃,所以我们这伙儿人活泼开朗,充满了求知的欲望。

我们走在一条小路上,天南海北地聊着,小路两侧种着矮接骨木和山楂树,它们那呈伞房花序的花朵所散发出的苦涩香气,已然令金匠花金龟沉醉其中了。我们要去莱桑格莱的沙质高原,看看圣甲虫是否已经在滚动着粪球,在古埃及人眼中,那圆圆的粪球是地球的象征。

我们要去山脚下，看看在那流动的透明水幕下，是否住着蝾螈幼虫，它们的鳃就像珊瑚的细枝；我们要去小溪边，看看优雅的小刺鱼是否已经穿上了青红相间的新婚礼服；我们要去草原上，看看飞回来的燕子是否正张开它尖尖的翅膀，追捕着一边跳舞、一边产卵的大蚊；我们要去砂岩堆，看看眼斑巨蜥是否正趴在洞穴口，给自己长满了蓝色斑点的臀部晒日光浴；我们要去河水旁，看看从海上飞来的红嘴鸥是否正成群结队地盘旋在水面上，追逐着从罗讷河溯流而上产卵的鱼群，并时不时地发出阵阵狂叫；我们还要去看看……就说到这儿吧。总之，我们这群天真烂漫的人，无比享受与动物相处的乐趣，我们要在这场万物复苏的春日盛宴中度过整整一个上午。

事情正如我们所想的那样。

刺鱼已经装扮好了，它那闪耀的鳞片足以将白银衬得黯淡无光，胸部抹上了鲜亮的红色。

当体形硕大、不怀好意的黑色蚂蟥靠近它时，它背部和身侧的尖刺就像安了弹簧一样，立刻竖起来。面对态度如此强硬的刺鱼，那个无耻的强盗只好悄悄地滑进水草丛里。

那些软体动物，像扁卷螺、瓶螺和椎实螺，正悠然自得地漂在水面上透气。水龟虫和它丑陋的幼虫是池塘里的强盗，路过的动物们会被它们一个接一个地捕杀掉，然而那群傻乎乎的猎物就像没有发现它们似的。

让我们把视线从平原水域上移开，攀上那横在我们与高原之间的峭壁吧。在高原上，羊群正在吃草，马儿们奔腾着，为接下来的比赛做准备；欢欣鼓舞的食粪虫美美地享用着它们提供的养分。

鞘翅目食粪虫有一项崇高的使命，那就是清洁土壤中的污秽。人们总是不厌其烦地欣赏它们所拥有的各类工具。这些工具有的被用来搅动粪土,并把它们捣碎、重塑,有的则被用来挖储存战利品的深穴。它们的工具种类之繁多,足以媲美一家陈列着各式各样挖掘工具的工艺博物馆。其中有些工具和人类制造出来的工具一模一样,然而有些则别出心裁,甚至人类也能从中得到启发,创造出新的发明来。

西班牙蜣螂前额长着一个强有力的尖角,顶端向后弯曲,酷似十字镐的镐齿。月形蜣螂额头上也长着这样的角,但除此之外,它的胸部还有两个犁状尖片;在这两个尖片之间,伸出了一根凸起的尖刺充当刮刀。

生活在地中海沿岸的巨羚布蜣螂和野牛布蜣螂前额长着一对强壮的角,向两侧伸展,前胸中间的位置,长有一片水平的三角形犁铧。

蒂菲粪金龟前胸长着三个步犁状尖角,平行指向前方，两侧的长，中间的短。

公牛嗡蜣螂的两个角则又长又弯，形似公牛角。

而叉角嗡蜣螂的工具则是一柄二齿叉，直直地竖立在它扁平的头上。

哪怕是最差劲的食粪虫，头上或者前胸也长有坚硬的凸起，这些凸起并不锋利，不过好在它们有足够的耐心知道如何巧妙地使用这些工具。

所有食粪虫的头部都宽大扁平，边缘锋利；另外，它们会利用像耙子一样的锯齿状前腿来归拢粪土。

似乎是作为对干脏活的补偿，不少食粪虫都散发着浓烈的麝香味，而且腹部闪耀着金属般的光泽。例如，黑粪金龟腹部就闪耀着金和铜的黄色光泽；粪甲虫腹部则是紫水晶色。

但大多数食粪虫都是黑色的。那些色彩艳丽的食粪虫大都生活在热带，它们是真正的活体宝石。生活在上埃及骆驼粪堆里的圣甲虫所散发出的光彩可与祖母绿相媲美；圭亚那、巴西和塞内加尔的蜣螂则闪耀着红色金属光泽，如黄铜一样富丽堂皇，又像红宝石一样光彩夺目。

看不到热带食粪虫也没关系，因为我们国家的食粪虫在习性方面同样值得关注。

在一堆粪便四周，是一派热火朝天的忙碌景象！就连从世界各地涌向加利福尼亚开发矿床的冒险家们，都没有食粪虫这样十足的干劲。

天还不太热的时候，数百只大小不一、品种不同、形态各异的食粪虫都一窝蜂地围在那儿，它们急匆匆地在这块大蛋糕上瓜分属于自己的那杯羹。

有的在露天工作，梳理粪土表面；有的则钻进厚厚的粪土堆里，寻找优质粪源；另一些则往深处挖，以便能够及时把战利品埋在深层土壤中；而一些个头儿最小的食粪虫，则趁身强体壮的同伴们大肆挖掘时，把掉下来的小块粪土切碎。还有些初来乍到的小虫，或许是饿极了，它们当场就饱餐一顿；但是大部分食粪虫还是选择把战利品储存起来，这样它们就能够躲进安全隐秘的洞穴里，过上一段悠闲富足的日子。

在贫瘠的百里香平原上，新鲜的粪便并不常有，这样的收获堪称上天的恩赐，只有那些命运的宠儿才有这样的好运气。因此，它们把今天的收获小心翼翼地储存了起来。

不过，方圆一公里的空气中都飘荡着粪便的香气，所有食粪虫都循着香味跑过来囤粮了。还有零星几只没到的，或飞或爬，正在赶往这里。

这个唯恐来得太迟的、匆匆忙忙爬向粪堆的是什么虫呢？它笨拙地挪动着长腿，仿佛是在被腹中某种机关驱动着前进；它红色的小触角像扇子一样张开，透露出它渴望分到食物的焦急心态。它终于赶到了，挤倒了一同赴宴的其他宾客。这通体墨黑的家伙就是圣甲虫，它是食粪虫里个头儿最大、名声最响的。

它已然入席同其他食粪虫共享盛宴。它用前足轻轻地拍打着粪球，为自己的战利品做最后的加工，又或是添加最后一层，然后就可以功成身退安享劳动果实了。现在让我们看看这个粪球是怎么一步步制成的吧。

它的头盾，也就是它们的头部边缘，宽而平，上面的六个角状锯齿整齐地排列成一个半圆。头盾就是它们用来挖洞和切割的工具，同时，也能像耙子一样剔除没有养分的植物纤维，从而把最精细的粪土耙拢到一起。因为对这些精明的行家来说，粪土要优于植物纤维,这就是它们精选食物原料的过程。

圣甲虫差不多就是这样为自己准备口粮的,但如果要制作育儿室的话,标准就会更加严格,首先要在粪球中央挖一个小洞用来孵化虫卵;然后,要仔细剔除粪球里的每根草纤维;最后再在球体内层铺上一层粪便精华。这样幼虫破壳而出时,就能在洞穴四壁找到精粮来填饱肚子,从而蓄积体力击破厚重的粪球外层。

圣甲虫在为自己准备食物时,就没那么挑剔了,只是粗略挑拣一下。它用锯齿状的头盾破开土层,挖挖铲铲,随意归拢些食物。在这个过程中,它那双强劲有力的前足功不可没。它的前足扁平,呈弧形弯曲,隆起的脉粗壮有力,外侧面长有五个坚硬的锯齿。如果需要使用武力推倒障碍,或者在粪团最厚的地方开辟出通道,它就会挥舞着锯齿状的前腿，向左右两侧用力一耙，清理出一个半圆的空间来。

场地清理好之后，它还要用前足完成另一项任务——把耙好的粪土团起来，滚到腹下两对后足之间。它们的后足简直是为车工工作量身打造的。特别是最后一对，十分细长，略微弯曲成弧形，末端是极其尖利的爪子。一眼望去就能发现，这两对足像极了球面圆规，它们紧紧地把粪球夹在中间，以便检查和修正粪球的形状。事实上，后足的作用就是为粪球塑形。

它们一下接一下地挥舞着前足，把粪土聚集到腹部下方的两对后足之间，用后足轻轻一压，粪土便成了球状，初步的塑形工作就完成了。随后，经过粗加工的粪球被团在两组球面圆规的支腿中间，随着它在腹下不断旋转，形状也越来越完美。如果粪球表层缺乏延展性从而有剥落的风险，又或者某处纤维过多影响粪球旋转加工的话，那么，就需要用前足加以修整；它用前足扁平的巨掌轻轻拍打着粪球，添加新的一层粪土，也顺便把那些碍事的草纤维封进粪球里层去。

阳光炽热起来，工作正在紧锣密鼓地进行着，这位"车工"斗志激昂、动作迅猛，令人惊叹不已。因此，工作推进得很快，一粒小小的粪丸，转眼间已经变成了一个核桃般大小的粪球，再过一会儿就能变成苹果那么大。我还见过一些贪吃的食粪虫把粪球滚得像拳头那么大。当然，那估计够它们吃上好几天了。

储备粮做好后，圣甲虫需要从混战中全身而退，然后把食物送到一个安全的地方。圣甲虫最惊人的习性特征就体现在它运粪球的过程中。

它丝毫没有迟疑，立刻出发了，用两条长长的后足抱着粪球，把足端的尖爪插进粪球里作为旋转支轴；两只中足作为支撑点，长着锯齿的前足轮流充当杠杆。它就这样倾斜着身体，头朝下身子朝上，推着粪球倒退着走。

在这次行进过程中，后足是主要的发力部位；圣甲虫来回移动着爪子，足端的尖爪不停变换着位置，使粪球保持平衡；同时前足左右交替，不断推着粪球向前滚动。

这样，粪球表面的各个点都能够轮流与地面接触，受到均匀的压力，这不仅使得粪球形状更加完美，而且还会使粪球外层各处都同样坚固。

加油！可以的，一切都很顺利！它一定会到达目的地的，但过程也不会是一帆风顺。第一个困难出现了，圣甲虫遇到了一个陡坡，沉重的粪球几乎要沿着陡坡滚下来了；但它显然想要越过这个天然的障碍，这真是个大胆的计划，因为只要它行差踏错一步，或者有一粒沙子扰乱平衡，它就前功尽弃了。

果然，它失败了，粪球滚落到了谷底；它也被冲下来的粪球撞翻了，六条腿在空中乱蹬，好在它重新爬起来了，而且它又把身子搭到了粪球上。这次，它更加卖力了。

——小冒失鬼，当心点儿吧；沿着山谷走吧，既省力又不会出意外，那里的路十分平坦，滚起粪球来毫不费力。

——可它偏不，它又想重新爬上那让它摔了一跤的斜坡。也许它应该再次征服高地吧，对此我无话可说。在这个问题上，圣甲虫比我更有远见。

——但你最起码应该走这条小路，它的坡度小，你一定能爬上去的。

——它完全不屑一顾，如果附近有更陡峭的、高不可攀的斜坡，恐怕这个固执的家伙会更开心。

圣甲虫又开始工作了。沉重的粪球被它小心翼翼地、一步一步地倒退着推到了高处。这么大的粪球能停在斜坡上，这简直是个静力学奇迹！

啊！一个动作失误，它的努力又付之东流了：它和粪球一起从斜坡上滚下来了。它再一次攀登，但很快又跌倒了！又一次尝试的时候，它表现得比之前更好了，小心翼翼地绕过一个草根，那是害它前几次摔倒的罪魁祸首。现在距离顶点只有一小段路了，但要慢慢走，能走多慢就走多慢，因为坡道十分危险，哪怕是一丁点儿失误也足以使它前功尽弃。糟糕，它踩到了光滑的砾石上，它和粪球又一股脑儿地滚下了斜坡。

可是圣甲虫毫不气馁，它又出发了。十次，二十次，尽管徒劳无益，但它还是会一次又一次地试着向上爬，直到它用毅力战胜困难，又或者，直到它意识到它的努力是徒劳的，转而去走平坦的路。

圣甲虫并不总是单枪匹马地搬运它的宝贝粪球，它通常会给自己找个搭档；或者准确地说，是它的搭档经常会主动送上门来。

事情通常是这样的：它做好了粪球，从混战中退出来，然后倒退着把战利品推走。这时，旁边有只姗姗来迟、刚刚开始工作的圣甲虫，突然放下手头的活计，跑到滚动的粪球边上，向心满意足的粪球主人伸出援助之手，粪球主人似乎很乐意接受帮助。所以，从现在开始，这两个同伴齐心协力、你追我赶地把粪球运往安全地点。

莫非它们当场达成某种共享蛋糕的协议了吗？难道在主人制作粪球的时候，另一只圣甲虫其实在开辟沃土，把精选的食材加到共有的储备食物中？

我从没见过这种合作，在开采场地，我只看到了每只圣甲虫都只顾着忙自己的事。所以，最后姗姗来迟的这只圣甲虫，没有任何权利和主人共享食物。

那么，这会不会是一种异性配偶之间的联合呢？有一段时间我是这么想的。两只圣甲虫，一前一后，怀着同样的热情齐心协力地推着沉重的粪球，这情景让我想起了以前的一首管风琴弹奏曲的片段："为了组建新家庭，嗨哟！我们要怎么做？你在前，我在后，我们一起滚酒桶。"

然而解剖结果使我不得不放弃这个家庭牧歌式的猜想。因为我无法通过外表差异来判断圣甲虫的性别，所以我解剖了运载同一粪球的圣甲虫搭档，结果往往发现它们的性别相同。

两只圣甲虫既不是一家人，也不是劳动伙伴。那么，它们为什么会形成这样的组合呢？其实这只是一种抢劫行为而已。这只献殷勤的圣甲虫，打着帮忙的幌子，想要趁机把粪球抢走。

制作粪球既辛苦又需要耐心,然而抢走别人的胜利果实,或者厚着脸皮和粪球主人一起共享,那就省事多了。如果主人的警惕性不足,它的粪球就会被抢走;如果主人看得紧,那么劫匪就借口自己帮了忙,然后坐下来共享美食。这种策略真是百利而无一害啊,抢劫竟成了一种最富有成效的做法。

有些就像我刚才说的那样狡猾,它们假意去帮助一个根本不需要帮助的同伴,其实内心却隐藏着卑鄙的欲望。而另一些,也许胆子更大,对自己的实力更有信心,它们直奔主题,明目张胆地把粪球抢走。

这样的场景随时都会发生。

一只圣甲虫独自滚着它的粪球安静地走着,那是它凭借勤恳工作而获得的合法财产。然而不知从哪儿飞来另一只圣甲虫,猛地落下,把黝黑的翅膀收拢到鞘翅下面,然后用长着锯齿的前足向旁边一挥，粪球的主人就被打倒在地，因为主人当时正在滚粪球，所以根本无力抵挡劫匪的攻击。被抢走食物的圣甲虫挣扎着重新站起来，然而劫匪早就站到了粪球上，占据了易守难攻的有利位置，它把前足收拢在胸口下方，随时准备着反击。

失主绕着粪球团团转，试图寻找有利的进攻点；而劫匪也在堡垒的圆顶上转来转去，紧盯着下方的对手。

如果失主立起身子想要爬上去，劫匪就对准它的后背猛地一击。如果失主不改变战术，它的进攻就会一次次地被占据高地的劫匪粉碎，它就永远都无法夺回自己的财产。

所以，为了将堡垒和驻军一同瓦解，它实施了挖掘坑道的战术。粪球被从底部撼动，开始摇晃，随后滚了起来，待在上面的劫匪也左摇右摆，它使出浑身解数想让自己不掉下去，于是手忙脚乱地做了一串体操动作,它终于成功地在粪球上稳住了身形。

但如果它不小心踩错了步子从粪球上掉下来,那对战双方就势均力敌了,战斗就会演变成一场搏斗。失主和劫匪胸贴着胸,近身肉搏。它们的足一会儿纠缠在一起,一会儿又撒开,肢节也勾绕在一起,触角碰撞发出如同金属摩擦般的刺耳声音。

然后,将对手击倒在地并全身而退的那一方,会匆匆忙忙地爬到粪球上占领高地。于是,围攻又开始了,进攻的一方是劫匪还是失主,这完全取决于搏斗的结果。

前者就像是大胆的海盗和冒险家,所以往往会占上风。在接二连三地失败后,失主就不耐烦了,只好逆来顺受地回到粪土堆里重新滚粪球。

至于劫匪则害怕抢到手的粪球又出什么岔子,所以赶忙把粪球推到一个它觉得安全的地方。我也看到过第三只圣甲虫出现,把粪球从劫匪那里偷走。凭良心说,我并不为此恼火。

是哪个把蒲鲁东的"财产就是盗窃"这一无耻的悖论注入了食粪虫的习性中?是哪个外交家在食粪虫界提出"武力胜过权利"这一野蛮主张?我想不出答案。由于缺乏数据,我也无法追溯它们抢劫成性、滥用武力的原因;我唯一确定的就是,在圣甲虫当中,抢夺行为是普遍存在的。

我还没见过有哪种昆虫像这些粪便推运工那样厚颜无耻地你争我抢。这个奇怪的动物心理学问题,只能留给未来的观察者去解释了,我还是接着观察一起滚粪球的这对搭档吧。

但在此之前,我要先纠正一个书本中常见的错误。我在法国昆虫学家埃米尔·布朗夏尔先生的巨著《昆虫的变态、习性和本能》中读到以下一段话:

"当圣甲虫遇到了不可逾越的障碍，又或者它的粪球掉进了洞里，这时候，我们就可以看到它随机应变的智慧，以及与同类交流的惊人天赋。在圣甲虫意识到了不可能带着粪球越过障碍后，它似乎放弃粪球飞走了。但您如果具备耐心这种伟大而高尚的品德的话，那就继续守在那个被遗弃的粪球旁边吧。因为过一会儿，圣甲虫就会飞回来，而且不是单独回来的，它后面还跟着两个、三个、四个、五个同伴，它们都猛扑向粪球，齐心协力地把它抬起来。圣甲虫刚才是去寻找援军了，这就是为什么在干旱的田野中，我们经常可以看到几只圣甲虫聚在一起搬运同一颗粪球。"

我在德国昆虫学家伊利格的《昆虫学杂志》上还读到了这样一段话：

"一只侧裸蜣螂正在用鸟粪给它的虫卵们做堡垒，但它不小心把粪球滚到了洞里，它试了很久都没能靠自己的力量把粪球拖出来。它清楚自己在白白浪费时间，于是跑到临近的粪土堆找来了三个同伴，它们四个齐心协力，成功地把粪球从洞里拖了出来，然后帮手们就又回到粪土堆里继续忙自己的活儿了。"

请布朗夏尔先生见谅，因为，事实并非如此。首先，以上两种说法高度一致，所以它们可能出处相同。

伊利格描述了侧裸蜣螂的经历，但他的观察并不充分，因此并不可信；随后他这种说法又被套用到了圣甲虫身上。其实，同类昆虫一起滚动同一个粪球，或是协力把陷住的粪球拖出来是很常见的现象。但这种协作并不能证明是陷入困境的一方去向同伴们寻求了帮助。

我具有布朗夏尔先生所说的耐心，我曾同圣甲虫朝夕相处过很多天；我千方百计地想要看清楚它的习性，还实地观察过，但我从未发现有任何迹象表明其他圣甲虫是被叫过去帮忙的。而且，我还让圣甲虫经受了比粪球掉在洞里更严峻的考验，也让它陷入了比重新爬上斜坡更大的困境之中，这对于固执的圣甲虫来说算得上是一个真正的挑战。它似乎热衷于在斜坡上手忙脚乱地做复杂的体操运动，仿佛那样粪球就会变得更坚固，更有价值。

我曾略施小计，为圣甲虫创造了比以往任何时候都更需要帮助的局面，但是，我从没看到过有同类前来善意援助。我看到的只有劫匪和受害者，仅此而已。

如果几只圣甲虫围在同一颗粪球旁，那么必定会发生一场恶战。因此，我的拙见是，几只圣甲虫聚在同一颗粪球周围，明明是打算实施抢劫行为，结果在这些书中却被说成了被叫来帮忙的同伴。在这种不充分观察的基础上，大胆的强盗摇身一变，竟然成了放下自己工作去帮助其他同伴的热心肠。

我坚持认为，不能武断地认定圣甲虫具有随机应变的智慧和与同类交流的天赋。怎么？一只陷入困境的圣甲虫会想去寻求帮助吗？它们会飞去四处寻找正在滚粪球的同伴；然后通过某种手势，尤其是借助触角的动作，来告诉它们："嘿，各位朋友，我的货卡在那边的洞里了；来帮我把它拖出来吧。我以后会报答你们的。"

然后它的同伴们就懂了！立即放下各自手头的工作，丢下那刚刚开始制作的宝贝粪球，无视其他食粪虫贪婪的目光，冒着自己的粪球被偷走的风险去帮助求助者！如此伟大的忘我精神实在是让我难以置信，而且，多年来我在圣甲虫工作的地方所观察到的一切都证实了我的怀疑是合理的。

圣甲虫不是蜜蜂和蚂蚁那样的群居动物，它确实在生育期对后代关怀备至，那是值得称赞的，但除此之外，它不关心任何事情，只关心它自己。

上面提到的问题很重要，所以我才特地做了说明，但题外话就说到这儿吧。我前面说过，怀有私心的合伙人经常会跑来帮助正在推粪球的圣甲虫，然后等待时机一到就把粪球抢走。把它们称为合伙人可能不太恰当，因为，这两个合作者，其中一个是厚着脸皮主动加入的，而另一个，也许只是因为害怕出现更糟糕的局面才接受外来帮助的吧。

但是，它们相处得还算和睦。合伙人加入后，圣甲虫一刻也没有离开过它的粪球；新来的似乎诚意满满，立即开始了工作。它们推粪球的方式有所不同。粪球主人占据了主导地位，也是最显要的位置，它后足朝上，头部朝下，从粪球的后面推；而合伙人则在前面，昂着头，把长有锯齿的前足搭在粪球上，后足则撑在地面上。它们俩一前一后，一拉一推，粪球就动了。

这对搭档并不总是那么默契，更何况来帮忙的圣甲虫要倒退着走，而主人的视线则会被粪球挡住。因此，意外屡屡发生，它们总是摔得四脚朝天，但却乐此不疲：它们匆忙爬起来各归各位，从不颠倒位置。

由于它们配合不好，所以哪怕是在平原上，这种运输方式也是吃力不讨好；后面那只圣甲虫独自就能把这项工作完成得又快又好。因此，合伙人在示完好后，便冒着破坏合作机制的风险开始偷懒，当然，它绝对没有放弃已被它视为囊中之物的宝贝粪球。它碰过的东西绝不会失手，它也不会轻率地任凭对方把自己甩开。

所以它把后足收到腹下，把身体贴到了粪球上，和粪球融为一体。这样，粪球主人推着粪球和合伙人一起向前滚动。

无论合伙人是被粪球从身上碾过，还是随着粪球的滚动，时而在上，时而在下，它都不在意；它牢牢地趴在粪球上，一动不动。

这样的帮手还真是少见，它被主人一路推着走，还能轻松地获得一份食物！但出现陡坡时，它就有的忙了。

它冲锋在前，用锯齿状前足拉住沉重的粪球，而它的同伴则帮它把粪球抬得更高些。就这样，这对搭档，位置一高一低，动作一拉一推，齐心协力地爬上了陡坡，若是单靠一只虫的力量，就算是筋疲力尽也不会成功的。

但并不是所有圣甲虫在这些困难时刻都怀有同样的热情：面对最需要团结协作的斜坡，有些圣甲虫好像丝毫没有要克服困难的想法。当不幸的圣甲虫用尽全身力气试图闯过难关的时候，它的同伴，依然贴在粪球上袖手旁观，任凭自己随着粪球滚下来，又随着粪球被推上去。

我曾经做过多次实验，目的是测试一对圣甲虫搭档在极端困境中的创造力。

我们假设它们在平原上，合伙人贴在粪球上不动，另一只圣甲虫在滚动粪球。在不干扰圣甲虫推粪球的情况下，我用一根又长又硬的大头针把粪球钉在地上，这时粪球突然停了下来。圣甲虫对我的诡计全然不知，它可能以为是碰到了车辙、绊脚草根或者小石子这类自然障碍物了吧。于是它加倍努力，拼命挣扎，但粪球却依然纹丝不动。

"发生了什么事？去看看吧。"

圣甲虫围着粪球绕了两三圈，却没能找到原因，于是它又回到了粪球后面，再次用力。粪球还是稳如泰山。

"爬上去看看吧。"

圣甲虫爬到了粪球上，因为我特意把大头针插得很深，大头针的圆头已经被粪球吞没了，所以圣甲虫只发现了它那一动不动的同伴，搜寻完整个粪球顶部后，它就下来了，随后，它又从前面和侧面都用力地推了推粪球，但粪球还是不动。毫无疑问，它大概从来都没遇到过类似的问题。

就是现在，立刻请求帮助吧，恰好同伴就蹲在球顶，近在咫尺。圣甲虫会不会晃晃它的同伴，然后说："你在那里干什么呢，懒鬼！你来看看，粪球推不动了！"

但并没有证据能够证明这一点，因为我看到圣甲虫一直在固执地摇晃着一动不动的粪球，摸索着这颗粪球的每个角落，而它的合伙人依然在休息。

久而久之，合伙人终于感觉到了一丝不对劲，它那急得团团乱转的同伴和岿然不动的粪球引起了它的注意。于是它爬下来检查粪球，但也同样一无所获。事情变得更加复杂了。它们那扇形的触角一会儿张开，一会儿合上，不停地颤动，暴露了它们内心的不安。随后，一个妙举为这一切画上了句号。

"粪球下面有什么？"

于是它们从粪球底部进行了探索，轻轻一挖，针体就露出来了。它们立刻意识到，问题的关键就在于此。

如果我在这件事上有发言权，我就会对它们说："我们必须进行挖掘，取出固定粪球的基桩。"

对它们这种挖掘专家来说，这是最简单易行的办法，但它们并没有采用我的意见，甚至连试都没试。

圣甲虫找到了更好的办法。它们两个分别从两侧，钻到了粪球下面，随着它们的钻入，粪球也被顶得沿着针体上滑。粪球质地松软，所以这个巧妙的办法是可行的，它们很快就在固定不动的基桩下方挖出了一个通道，不一会儿又把粪球顶到了与它们身体厚度相等的高度。

接下来的工作就更难了。它们最开始是趴在地面上，随后又逐渐竖起身子，一直用背部把粪球往高处顶。最糟糕的是，随着它们身体逐渐站直，腿部提供的力量会越来越微弱，但好在它们终于做到了。但随后，用背部顶粪球的办法行不通了，因为它们已经达到了最极限的高度。

只剩下最后一个最吃力的法子了。它们交替使用两种滚粪球的姿势把粪球往上推，它们一会儿头朝下用后足推，一会儿头朝上用前足推。因为针体不是太长，所以它们终于把粪球顶落到了地上。它们马马虎虎地修补了一下粪球中间的洞，然后就又上路了。

但是，如果针体过长，粪球仍然会牢牢地附着在上面，最终悬在圣甲虫站直身体所能达到的最大高度。在这种情况下，它们的努力毫无成效，如果我没有好心地把宝物归还给它们，它们就会放弃。

或者，我还可以用下面这种办法帮助它们：用一块平整的小石块垫高地面，形成基座，这样它们就可以站在上面继续顶粪球。但它们似乎并没有马上明白我的用意，因为它们都没有急着站上去。然而，不知道是不是巧合，有一只圣甲虫爬上了基座。太好了！当圣甲虫爬上去的时候，它感觉到背部轻轻触碰到了粪球，这样的触碰使它鼓起勇气，再次进行尝试。它站在基座上，伸展肢节，弓着背，把粪球用力往上顶。如果只靠背部的力量还不够的话，它就一蹬一蹬地用腿部发力。达到极限高度后，它又停了下来，又开始焦躁不安了。

因此，我悄悄地在第一块石头上又放了一块石头。它们以这个新基座作为支点，继续努力着。就这样，我根据它们的需要，一块接一块地添加垫石，我看到圣甲虫悬在三四指高的、摇摇晃晃的基桩上，一直在努力，直到粪球完全被顶落在地。

它了解加高基座的作用吗？尽管它确实巧妙地利用了我用小石块堆成的平台，但我仍然对此持怀疑态度。

如果说，它能想到通过加高基座去够高处的物体，那么，它们两个为什么没有想到踩到一方的背上来增加高度，从而降低工作难度呢？

这样的话，它们就能将高度增加一倍。啊！它们远远没有这么聪明！诚然，它们都尽其所能地推着粪球；但它们似乎只是在各推各的，根本没有想到协作会产生良好的效果。

不论遇到什么障碍，它们都是同一个反应，不管粪球是被牢牢钉在地上，还是被障碍物或绊脚草根挡住了，又或是粪球里面掺有小草枝滚不动了。

其实，对它们来说，我所创造的人为障碍情景，和其他促使粪球停下来的自然障碍情景没有太大区别；因为，面对这两种情景，圣甲虫的行为方式没什么两样。即使有同伴的帮助，它还是选择用背充当钻进粪球底部的楔子和把粪球往上顶的杠杆，同时还用腿来推，在行为方式上没有任何创新。

哪怕它没有合伙人的帮助，独自面对被钉在地上的粪球，它的解决办法也是完全一样的，只要我一点一点为它搭建起足够高的平台，给它提供必不可缺的支点，它就能通过自己的努力走向成功。如果我拒绝提供这样的帮助，对它来说，宝贝粪球就是高不可攀的，所以即使它触碰到了，也不会再斗志昂扬了，它可能迟早会心灰意冷、满怀遗憾地飞向别处。

它要去哪儿？我不知道，我只知道它肯定不会带着一群帮手回来。因为即便是在它和同伴共享粪球的情况下，它都不会向同伴寻求帮助，那它又怎么会去求助其他同伴呢？

不过，在上面的实验中，我把粪球悬在了圣甲虫使出浑身解数也够不到的位置，这似乎有点儿不符合常态。那么，现在让我们试着挖一个足够深、足够陡的洞吧，好让待在洞底的圣甲虫没办法负重爬上来。这正符合布朗夏尔和伊利格所提到的条件。那么在这种情况下，圣甲虫会怎么做呢？

当它发现自己的努力毫无成效的时候，它终于失去了耐心，然后飞走了。出于对布朗夏尔和伊利格这两位老师的信任，我等了很久，我在等圣甲虫带着帮手飞回来，但我却空等了一场。

在接下来的几天里，我又回实验场地看了很多次，但我发现两个粪球依然悬在针体顶端或者是躺在洞底。这说明我不在的时候没有任何新的进展。圣甲虫因不可抗力遗弃了粪球，更确切地说，它甚至还没有试着求助同伴就头也不回地把粪球抛弃了。

总之，懂得巧妙地利用楔子和杠杆让原本静止的粪球动起来，这就是圣甲虫的智力上限。我通过实验证明了它不具备随机应变的智慧，但它堆的粪球却能轻而易举地引来它的同伴，因此，作为补偿，我愿意歌颂它，将它的壮举载入史册。

两只圣甲虫漫无目的地滚着粪球，它们一路上穿过了沙质平原、百里香丛、车辙和陡坡，经过长途跋涉，粪球变得更坚实了，这也许正合它们的胃口。

粪球的主人，一路上都占据着主要位置，从粪球后面滚动着，运输的重任几乎是它独自完成的，走着走着，它选中了一个好地方，然后就开始挖饭厅。粪球就停在它身边，而它的合伙人还在紧紧地扒在上面装死。粪球主人用头盾和长有锯齿的前足刨着沙土，这些沙土随后又被它拨到了身后，它挖得很快，不一会儿就消失在了洞穴里。每当它带着沙土重新回到地面的时候都会看一眼粪球，看看它是否完好地待在那里。它每隔一会儿就把粪球往穴口那边推近一点儿。它抚摸着粪球，这种触碰仿佛令它更加狂热了。然而虚伪的合伙人却依然趴在粪球上，一动也不动。

但随着洞穴逐渐扩大，挖掘工的任务也越来越繁重，因此圣甲虫露面的次数越来越少了。机会就在眼前。精明的合伙人一觉睡醒之后，推着粪球就逃跑了，它怕被抓个正着。

我对它这种背信弃义的行为感到十分愤怒，但为了跟踪故事的后续发展，我并没有阻止它。一旦有什么不对，我会立即介入其中，以捍卫道德。

过了一会儿，小偷已经跑到了几米开外的地方。而此刻，粪球主人才刚刚从洞穴里爬了出来，它四处寻觅,却没能发现粪球的踪影。它可能对此已经习以为常了,所以它清楚发生了什么。它又看又嗅,很快就找到了线索,然后赶忙追了过去;但当那个狡猾的家伙看到对方已经追过来时,竟然立刻改变了滚动粪球的姿势,就像来帮忙的时候那样,用后足行走,用锯齿状的前足紧紧抱住球。

"啊,你这个坏家伙!我要揭露你的阴谋,你想为自己找借口,说粪球是自己滚下山坡的,而你这么做,都是为了把它拖回洞口。我作为本次事件的公平见证人,我申明,粪球在洞穴入口处待得稳稳当当,并没有滚下去,因为地面是平的;我申明,我看到你毫不犹豫地推着粪球跑掉了。我再清楚不过了,你就是想把粪球抢走。"

不过,粪球主人对我的证词置若罔闻,它宽厚地接受了对方的说辞;然后这对搭档就若无其事地把粪球运回了洞穴。

但是，如果小偷已经跑到了更远的地方，或者如果它采用迂回前进的方式巧妙地隐藏了踪迹，那么粪球主人就肯定找不回它的宝贝了。

让我们试着想一下，圣甲虫在炽热的阳光下做好了食物，又费尽心思地将其运到了远处，还不辞辛苦地在沙地上挖出了一个舒适的宴会厅，体力的消耗让它食欲大增，它更加期待即将开场的盛宴了，然而就在一切都准备就绪的时候，它突然发现自己被洗劫一空了，这样的厄运足以摧毁心灵。

不过，圣甲虫并没有因此垂头丧气，它揉揉脸颊，张开触角，又在空气中嗅了嗅，就起身飞向下一个粪堆，重新开始制作粪球。我十分钦佩并羡慕它这种乐观的性格。

我们假设圣甲虫幸运地找到了一个忠诚的合伙

人；或者，我们干脆假设它在途中没有遇到不请自来的同伴。那么，它会先在松散的沙地上挖出一个拳头般大小的洞穴，洞不太深，窄短的过道刚好足够粪球通过。

食物一储存好，圣甲虫就会用角落的碎屑堵住洞穴入口。洞口堵好后，从外面看不出任何痕迹，而它也闭门不出。

此时此刻，快乐万岁！这里真是个洞天福地！餐桌上摆着美味佳肴；原本炽热的阳光穿透过土质天花板后，变得柔和、湿润；幽暗、冥想，蟋蟀的低吟，这些都让它食欲大振。

可能是错觉吧，我仿佛听到了歌剧《加拉太》的唱词："啊！当我们周遭的世界蠢蠢欲动时，安静独处是多么美妙啊！"

谁敢打扰这样一场幸福的盛宴？我敢！强烈的求知欲给了我无所不为的胆量。

闯入宴会厅后,映入眼帘的是这样一幅景象:美味的食物几乎填满了整个洞穴,从地板一直堆到了天花板。在食物和墙壁之间,有一条狭窄的走廊。这里通常只有一位宾客,也可能会有两个甚至更多,宾客们一旦入座后,就再也不会挪换位置了。它们背靠着墙,肚皮紧贴在桌子上,把全身的力量都集中在消化系统上。它们态度严肃,从不会因为玩乐而少吃一口;也不会挑三拣四,浪费任何一粒粮食。

它们按部就班、专心致志地享受着美食。我还看到,它们紧紧围在粪球旁边,似乎意识到了自己肩负清洁土壤的重任,所以主动投身到了这项把粪土变成花朵的化学工作中来,它们的鞘翅装点了春天的草坪。圣甲虫需要把马和羊的粪便转化成活性物质,为了完成这项工作,仅仅拥有强大的消化系统是不够的,它还要拥有一种特殊结构。

通过解剖,我们发现它那层层叠叠的肠道长得惊人，在这根长长的管道里，粪便不断地被消化，直至所有养分都被吸收。圣甲虫就像一个高效过滤器，把粪便中稀少的养分榨取得一干二净。在这些养分的滋润下，圣甲虫的护身甲壳又黑又亮，而其他食粪虫的盔甲则是金黄色和宝石红的。

为了公共卫生着想，必须在最短的时间内完成粪便的转化。因此，圣甲虫被赋予了独一无二的超强消化能力。

一旦把食物运回洞穴之后，它就会日夜不停地进食和消化，直到把存粮全部吃完为止。

证据显而易见。进入圣甲虫藏身的洞穴后，我们会发现它整天都坐在餐桌前，身后拖着的长带子，就像缆绳一样随意地盘着。我们不难猜出那是什么。巨大的粪球被圣甲虫一口接一口地拆分入腹，营养物质被消化道吸收，而其余的残渣则从身体另一端排出，排出的这根细带子连续不断，连接在如同吐丝器的肛门上，仅从这一点上，我们就能看出圣甲虫的消化行为在持续不断地进行着。

等到粪球被吃完的时候，这根细带伸直的长度会十分惊人，足足有几面墙壁那么长。它的消化能力真神奇啊！为了避免浪费，圣甲虫把肮脏的粪便当作美味佳肴不间断地吃上一周、两周。

等圣甲虫把所有食物都消化完后，它就会回到地面上重复着之前的工作：觅食、制作粪球、挖洞等。从五月到六月，它们一直过着这种幸福的生活。到了蝉喜欢的酷暑天，圣甲虫就会钻进阴凉的土壤里避暑。直到第一场秋雨来临时，它们才会再次露面，不过无论是数量还是活跃度都不如以前，因为，它们正在忙碌着有关种族延续的头等大事。

陈静　译

本能的技能

朗格多克飞蝗泥蜂无疑是学习了捕猎蟋蟀的方法，它反复将螫针插入螽斯胸部，好让毒液直达胸神经节。

看来它对破坏中枢神经这一步已经很熟悉了，而且我预感它肯定会出色地完成这场精妙的手术。那是所有膜翅目类杀手都深谙的一门艺术，它们身上那有毒的螫针绝非虚有其表。

然而，我不得不承认我还没有目睹过它们行凶的过程，因为朗格多克飞蝗泥蜂习惯独居生活。

如果它们在同一片空地上挖了许多用来存放猎物的洞穴，那么我们只需要在一旁静候猎人归来。

过了一会儿，它们接二连三地带着猎物出现了。这样，我就可以试着用活猎物来替换它们的死猎物，并按照自己的想法改进实验。但是，如果想要确保观察对象会在规定时间内出现，就需要提前安排好一切。而对于朗格多克飞蝗泥蜂来说，不存在提前安排一说。

因为这种独居昆虫零散地分布在大片区域，所以特地带着猎物去寻它几乎是不现实的。还有，如果有幸偶遇到它，那也多半是在休息的时候，所以还是会一无所获。总之，朗格多克飞蝗泥蜂总是会在你毫无准备、心不在焉的时候拖着螽斯出现在你眼前。

就是现在，我们可以趁这个难得的机会，把它的猎物换掉，好让它亲自在我们面前展示一下它的毒针。

赶紧找一只活螽斯作为替代品，快快快，时间很紧迫，因为再过几分钟，它们就要把猎物运到洞穴里了，这样好的机会马上就要溜走了。我真想把我对这些"幸运时刻"的愤恨一吐为快，这种冷不丁出现的诱惑简直把我耍得团团转！我明明就站在那儿，眼前就是我的观察对象，而我却抓不住机会！因为我没有替代品，从而无法刺探朗格多克飞蝗泥蜂的秘密！

开动脑筋吧，没剩多少时间供我寻觅替代品了，想当初我为节腹泥蜂找象虫的时候，可是整整疯跑了三天！这种让人发狂的尝试，我竟然先后经历了两次！

啊！我在葡萄园里狂奔，如果我被乡村警察发现的话，他肯定会以为我在偷东西，然后抓我去录口供。我匆匆忙忙地跑着，丝毫没有顾及脚下挡路的葡萄藤和葡萄。我要不惜一切代价，捕获一只螽斯，我需要马上找到它！有一次，我幸运地找到了一只螽斯。我高兴极了，但没有想到等待我的却是痛苦与挫折。

希望我能及时赶到，希望朗格多克飞蝗泥蜂还在忙着运输它的猎物！上天保佑！果然是天助我也。拖着猎物的泥蜂距离洞穴还有很远的距离，我轻轻地从后面拽住了猎物。泥蜂反抗，紧紧咬住螽斯的触角不松口。

我一直用力，想让它认输，然而它却始终没有放弃。好在我带了一把小剪刀，那是我小小昆虫学工具箱的一部分。我用小剪刀以迅雷不及掩耳之势剪断了它拉车的缰绳，也就是螽斯的长触角。

此时，朗格多克飞蝗泥蜂仍在前进，但很快就因负重陡然变轻而惊讶地停了下来。由于我的恶作剧，它嘴里只剩下了螽斯的触角。而真正的负重，也就是那只沉甸甸、圆鼓鼓的死螽斯，被它落在了身后，我立刻将其替换成我找到的活螽斯。

朗格多克飞蝗泥蜂丢开光秃秃的两根触角，转过身往回走，站在替代品的对面。它审视着替代品，谨慎多疑地绕着它转了一圈，然后停了下来，又用唾液擦了擦爪子，揉了揉眼睛。

看它一副沉思的样子，它的脑袋里会不会是在想："哦，我是醒着呢还是在做梦？我看到的是真的吗？那真的是我的吗？我这是着了谁的道儿了？"

然而它却不急着对替代品下手。它和猎物保持着距离，似乎一点儿都没有猎杀的念头。为了激起它的欲望，我把猎物往它的方向推了推，甚至都快把触角送到它嘴边了。我知道它的胆子很大，它一定是想要抢回被夺走的猎物和我提供的新猎物。

但这是怎么回事？它对我找来的替代品不屑一顾，它不仅没有咬住我放在它面前的新猎物，反而还一直往后退。

我又把螽斯放回地面上，猎物没有意识到危险，轻举妄动地走到了泥蜂面前。

成功了。哎呀！不，朗格多克飞蝗泥蜂真是个胆小鬼，它一直往后退，随后就飞走了。从那以后，我就再也没看见过它了，我不理解，但是这个让我热血沸腾的实验最终还是就这样结束了。

后来，随着我走访了更多的洞穴，我逐渐明白了朗格多克飞蝗泥蜂坚决不配合的原因。我发现它的猎物无一例外全部是雌性螽斯，雌性螽斯的肚子里藏有一大团美味多汁的虫卵，那是泥蜂幼虫最喜欢的食物。但是，我刚刚在葡萄园里捉的是雄性螽斯。显然，在食物这方面，泥蜂比我更明智，它根本不想要我找来的猎物。

"我孩子们的晚餐难道是一只雄虫吗？你拿它

们当什么了！"

这些美食家是何等的机敏，雌虫肉质鲜嫩，雄虫肉质相对干柴，明明雄虫、雌虫的体形和颜色都一模一样，但它却一眼就区分出来了，它的眼光是多么毒辣啊。雌性螽斯腹部末端长着像刺刀一样的产卵器，它会用产卵器把虫卵埋在地下，这是它在外形上和雄性螽斯唯一的区别。

这种特征上的细微差异却没逃过朗格多克飞蝗泥蜂敏锐的双眼，所以它之前才会揉眼睛，因为它知道自己抓的是一只雌性螽斯，但是猎物的产卵器却凭空消失了，它自然会十分惊愕。面对这样的变化，它的小脑袋瓜里会想些什么呢？

在准备好洞穴后，泥蜂就会去找它的猎物，这时我们趁机跟上它。麻痹后的猎物就被它扔在不远处。

这只螽斯就像黄翅飞蝗泥蜂捕获的那只蟋蟀一

样，它们胸部都有明显的伤痕。尽管如此，它还是挣扎地活动着，虽然动作并不连贯，但还算有力。

由于无法站立，它时而侧卧时而仰卧。它抖动着长长的触角以及触须，它的大颚打开又闭合，咬力与正常状态下相同，呼吸深而快，产卵器突然被收回到了腹部下方，几乎与皮肤紧紧相贴。它的腿在无力地、胡乱地抖动，中足似乎更加迟钝。在毒针的刺激下，它整个身体都胡乱抽搐着，它尝试着想要站起来爬行，但却没能成功。

总之，除了不能站立和行走之外，它还是挺有活力的。因此，它只是腿部的局部瘫痪，或者说是运动失调。这种情况会不会是由于它神经系统的某些特殊变化所导致的呢？还是因为朗格多克飞蝗泥蜂只刺了它一下，而不是像蟋蟀的捕猎者那样刺击猎物胸部的每一个神经节？我并不了解其中的原因。

它抽搐着，动作也不连贯，根本无法伤害将要吞噬它的泥蜂幼虫。我曾从朗格多克飞蝗泥蜂的洞穴中取出过一些螽斯，它们在刚开始半瘫的时候也这样奋力挣扎；尽管如此，刚刚孵化出来几个小时的小幼虫却依然能够轻而易举地啃咬这个体形庞大的猎物。

这得益于泥蜂母亲选择的虫卵放置点。黄翅飞蝗泥蜂会把虫卵黏在蟋蟀胸前的第一对足和第二对足之间，位置稍微偏向一侧。朗格多克飞蝗泥蜂和白边飞蝗泥蜂也都选择把卵黏在猎物胸前，不过要再靠后一点，在其中一只粗壮后足的根部；这三种泥蜂的默契展现了它们惊人的敏锐，它们知道哪里才是放置虫卵的安全地点。

让我们看看被封在洞穴里的螽斯吧。它仰面躺着，想要翻过身来比登天还要难。它徒劳地挣扎、摇晃，它的腿在空中胡乱扑腾，穴室太宽敞了，它根本踩不到四壁来获取支撑。

猎物的抽搐对泥蜂幼虫来说毫无影响，它们待的地方没有一丝颤动，安静极了。螽斯的跗节、大颚、产卵器和触角统统都碰不到它们。只要螽斯不能翻身、重新站起来或者爬行，幼虫就绝对安全，而螽斯的确已经动弹不得。

但如果猎物的数量足够多，那么它们平均受麻痹的程度也就相对没有那么高，这样一来，幼虫将面临很大的危险。最先被捕获的猎物不足为虑，因为它的位置够不到幼虫，但不得不防备着其余猎物，因为它们伸伸腿就能用脚刺把幼虫开膛破肚。

这也许就是为什么黄翅飞蝗泥蜂把三四只蟋蟀挤在同一个洞穴里吧，因为在那样的条件下，猎物的动作会受到限制；而朗格多克飞蝗泥蜂则只让猎物无法站立、爬行，但还任其保留着其他的行动能力，我猜泥蜂这样做可能是为了减少刺击的次数吧。

被安置在螽斯身体某处的幼虫十分安全，因为局部瘫痪的螽斯够不到它，但是对于需要把猎物运回洞穴的泥蜂来说就不一样了。

首先，螽斯的钩爪还没有完全丧失功能，可以钩住途中遇到的草茎，从而制造出极大的阻力。螽斯牢牢地抓住了草茎，为了让它松开钩爪，泥蜂已经使出了浑身解数。

这倒不会有什么大麻烦，更危险的是，螽斯的大颚完好，咬力正常，而且泥蜂在拖动猎物的时候，它那纤细的身体就恰好在螽斯口器前。

泥蜂咬住的地方靠近螽斯触角的根部，因此，螽斯的口器是朝上仰着的，而且正对着泥蜂的胸部或者腹部。泥蜂腿部纤长，身体被高高抬起，我相信它在小心翼翼地防范着身下螽斯那张开的口器；然而，若是一时忘记，或者是动作失误，泥蜂就会进入铁口的攻击范围，螽斯是绝不会放过报仇雪恨的机会的。尽管这些最凶险的情况不是经常发生，但还是应该杜绝螽斯用口器伤人和用钩爪制造阻力的可能性。

泥蜂会怎么做呢？人，甚至是科学家，在枯燥的试验中，都会犹豫不决，晕头转向，甚至可能会放弃。让他们来向泥蜂学习吧。

泥蜂虽然没有学过，也没有见过别人的做法，但却对手术流程了然于胸。它知道神经生理学最精妙的奥秘，或者说表现得好像它知道一样。它知道受害者的脑盖下面有一串神经核，高等动物大脑里也有这个构造。它知道，神经核起主要的神经支配作用，可以刺激螽斯的口器，而且，它是意识的所在地，没有它的命令，任何肌肉都无法擅自调动；

泥蜂还知道，如果破坏神经核，螽斯就会失去意识，并停止所有抵抗。

至于操作方法，这对泥蜂来说是最简单不过的了，学习了它的手法之后，我们也可以试着操作。不过，这里用到的工具不再是螫针了，它明智地认为按压比毒针更可取。

让我们向它致以崇高的敬意吧，因为我们马上就会明白，在博学的泥蜂面前，承认自己的无知是多么谨慎的选择。

由于担心重新写作描绘不出这位操作大师的崇高才能，于是我抄录了我当场记录的笔记。

螽斯的反抗很激烈，它用几条腿紧紧钩住了草茎。于是泥蜂停下来准备对猎物实施手术，那是一种致命打击。泥蜂骑在猎物的颈背上，让猎物露出颈部。然后，它用大颚咬住猎物的颈部，并尽可能地向前在头骨下探寻，以便反复按压猎物脑神经节，这样不会留下任何外部伤口。

以前它虽然没有行走能力，但还能凭借腿部力量反抗拖行，而现在经过这样一番操作，受害者完全动弹不得了，也没有任何力量进行抵抗了。

这就是全部内容。泥蜂用它大颚的尖锐顶端探寻和按压猎物的大脑。螽斯颈背皮肤轻薄，却没有流血，也没有伤口，因为泥蜂只是给猎物脑部施加外部压力而已。当然，我待在这里是为了慢慢地观察手术的结果，我眼前的螽斯一动不动；当然，我刚刚从泥蜂那里学了操作方法，现在轮到我给活螽斯做手术了。下面是我和泥蜂的手术结果的对比。

我用镊子固定、压迫两只螽斯的脑神经节，它们很快就陷入了和泥蜂猎物一样的昏迷状态。只是，如果我用针尖刺激它们，它们仍然能够发出吱吱的叫声，腿部也会无力地乱蹬。

这种差异无疑是因为我没有先刺激螽斯的胸腔

神经节，而朗格多克飞蝗泥蜂则是先刺向猎物胸部。我考虑到了这个重要条件，看来我还不是一个太差劲的学生，我很好地模仿了我的生理学老师——泥蜂。

我承认，我挺满意的，我的手术做得和泥蜂的一样好。

一样好？我刚刚说什么了！等等，我发现我还得和泥蜂再学上很长一段时间。

看吧，我的两个病人很快就死了，死了！又过了四五天，昆虫尸体都发臭了。——那么泥蜂的猎物呢？——不用说，它的猎物即使在术后放上十天，也能保持完全新鲜的状态，这也是幼虫食物的必要条件。

做完脑部手术几个小时后，螽斯的腿、触角、唇须、产卵器和大颚就开始乱动起来，就像做手术之前那样。总之，它又恢复了被泥蜂攻击大脑之前的状态。螽斯一直在乱动，但动作幅度一天比一天小。

泥蜂只是暂时麻痹了猎物，但麻痹的时间足以让它顺利地把猎物带回家；我这个模仿者只是一个笨拙野蛮的屠夫罢了，我杀死了自己的手术对象。泥蜂以其无法模仿的灵巧手法，熟练地抑制了猎物的大脑，让猎物昏睡几个小时；而我，出于无知，可能已经粗暴地用镊子把它脆弱的大脑夹碎了，那可是维持生命最重要的器官啊。我坚信泥蜂的灵巧无人能及，这个想法或许能让我这个失败者没那么羞愧。

啊！现在我明白了泥蜂为什么没用毒刺来攻击螽斯的脑神经节。只需要把一滴毒液注射进猎物的核心生命器官大脑，就可以摧毁它的整个神经系统，而猎物也会在短时间内死亡。但猎人并不想让猎物死亡，因为幼虫不需要死去的猎物，更不会喜欢腐败的尸体散发出的恶臭味；所以泥蜂只想暂时麻痹猎物，让猎物昏睡过去，这样就能确保猎物不会在途中反抗。对于泥蜂来说，猎物的反抗很危险，很难压制。

现在我们知道了，在刚才的生理学实验中，泥蜂通过对猎物的大脑施压，从而致使猎物昏迷。它这种做法和弗洛伦斯的类似，弗洛伦斯切除了动物的大脑皮层，并在脑组织上施加压力，这会令动物丧失智力、意识、感知和运动功能；但如果停止施压，这些功能又会恢复如常。因此，随着麻醉效果逐渐消失，螽斯也会渐渐恢复生机。它的脑神经虽然被按压受伤了，但伤却不致命，于是它从昏睡中醒来，逐渐恢复活动。让我们面对现实吧，这的确是一门可怕的科学！

命运总是捉弄我：你苦苦追觅却追不到；你把它抛在脑后，它反而来敲你的门。

这二十年来，为了观察朗格多克飞蝗泥蜂猎杀螽斯，我白跑了多少趟！我有多少问题没有得到解答！现在我终于把这几页纸交到了印刷厂，机缘来自这个月初（1878年8月8日），我的儿子埃米尔急匆匆地走进了我的书房。

"快，"他说，"快来，在院门前的梧桐树下，有只泥蜂正在拖运猎物呢！"

在晚上闲聊的时候，我和埃米尔说过泥蜂的事情，而且在田间生活的时候，他早就见过了。我跑过去，然后看到了一只朗格多克飞蝗泥蜂正拖着一只昏迷的螽斯。它向邻近的鸡窝爬去，可能是想爬上墙去，然后在屋顶的瓦片下挖一个洞穴；我之所以做出这样的推测，是因为几年前，我就在这里看到过一只泥蜂拖着猎物爬上了屋顶，然后在一块碎瓦片下面安了居。也许现在这只泥蜂就是我刚才说的那只爬墙的泥蜂的后代。

这样的壮举很可能会再次发生，而且这次有很多见证者，因为我们全家都在树荫下围观泥蜂。这只泥蜂的胆量十分令人钦佩，尽管被一圈好奇的观众围着，但它仍然专心致志地进行着自己的工作；大家都被它骄傲、坚定的步伐震惊了，同时，它高昂着头颅，用大颚咬住螽斯的触角，体形巨大的猎物就被它拖在了身后。看着这一幕，我不禁表露出了我的遗憾。

我忍不住说："啊！如果我有活的螽斯就好了！"

其实我的内心没有奢望这个愿望能够实现。

"活的螽斯？"埃米尔答道，"我有几只活螽斯，今天早上刚捉的。"

他飞快地爬上楼，跑到小书房里，那里有一个用字典围成的小空间,用来饲养美丽的大戟蛾幼虫。他给我带来了三只螽斯,出乎我意料的是,其中有两只都是雌性。

它们是怎么凑巧出现在我面前来帮助我继续完成二十年前的实验的?那就是另一个故事了。有一只南方灰伯劳在巷子里的一棵高大的梧桐树上安了窝。但几天前,强劲的密斯脱拉风①吹过,把树枝吹弯了腰,鸟巢也随着树枝乱摆,里面的四只幼鸟掉了下来。第二天,我在地上发现了鸟巢;四只幼鸟有三只已经摔死了,剩下一只还活着。

我把幸存的幼鸟委托给埃米尔照顾,他每天要去三次附近的草坪,为幼鸟捉蝗虫。但蝗虫个头儿太小,而幼鸟的食量却很大。小家伙喜欢的另外一种食物就是螽斯,所以埃米尔会时不时地去留茬地

---

① 密斯脱拉风:法国南部沿下罗讷河谷吹过的一种干冷强风。——编者注

里和刺芹丛里捉螽斯。他拿给我的这三只螽斯就是幼鸟的口粮。我对幼鸟的同情心意外地使我得到了这个料想不到的收获。

我们往外站了站,给泥蜂留出了场地。我用镊子夹起它的猎物,并立即将其替换成我手中的活螽斯,替代品的腹部末端拖着一根产卵器,和泥蜂原来的那只猎物一样,都是雌虫。被抢走食物的泥蜂只是不耐烦地抖了抖腿,随后就扭头去追捕新猎物。

新猎物过于肥胖,甚至连躲都没躲。泥蜂用大颚咬住螽斯那马鞍状的前胸,横跨在它背上,然后卷起腹部,把末端的螫针插进螽斯的胸廓。毫无疑问,它对螽斯发起了一波致命攻击,由于观察不便,我无法明确说出泥蜂行刺的具体次数。

但猎物却十分平静,它没有进行任何抵抗,像极了屠宰场里愚蠢的待宰羔羊。泥蜂不疾不徐地操控着螫针,以便实现精准打击。到现在为止,在观察者看来,一切都很好;但猎物的胸部和腹部贴着地面,我们看不到下面到底发生了什么。如果你想人为地把螽斯抬起来一点儿,以便看得更清楚,那是不可能的,因为凶手会立刻抽出武器,然后撤退。

但它接下来的行为很容易观察。在刺伤猎物的胸部以后,泥蜂的大颚的尖刺又对准了猎物的颈部,它按压猎物的颈背使其露出颈部。尖刺在这里停留的时间明显要更久,仿佛刺这里比刺其他地方更有效。由此,人们可能会以为神经中枢就位于贲门下方;但是,受它所支配的口器、大颚、颌骨、触须等部位仍然能够活动,这表明事实并非如人们所想的那样。其实,泥蜂的螫针是绕过了颈部,径直攻击到了胸神经节,是的,胸神经节是它最首要的攻击目标,之所以以颈部为切入点,是因为颈部的皮肤比胸部的更薄，更容易刺透。

一切就这样结束了，丝毫没有抽搐和痛苦的迹象，螽斯现在了无生气。

这是我第二次从泥蜂手中抢走它的猎杀对象，并用另一只雌性螽斯代替。同样的动作，同样的结果。

我又进行了第三次，泥蜂接连地做着外科手术，手术对象起初是它自己的猎物，后来又被替换成了我的。现在我手里只剩下一只雄性螽斯了，泥蜂会接受它吗？我很怀疑，不是因为泥蜂累了，而是因为这个猎物不合它的心意。我见过的它的猎物无一例外全部都是雌性，因为满腹虫卵的雌性螽斯，更受泥蜂幼虫的欢迎。

我的怀疑是有根据的，因为在第四次，泥蜂的确坚决地拒绝了我送给它的雄性螽斯。它爬来爬去，步履匆匆地寻找着消失的猎物；它几次三番地围着雄性螽斯转来转去，但最终还是不屑地看了一眼之后就飞走了。泥蜂的幼虫不吃雄性螽斯，时隔二十年后，我再次通过试验验证了这件事。

我看着其中两只被刺伤的雌性螽斯，它们的腿全部都瘫痪了。无论是趴着、仰卧还是侧卧，它们都会永远保持着最初的姿势。从它们微微摆动的触角、偶尔抽动的腹部和一张一合的口器，勉强可以看出它们尚存一息。

它们只是失去了运动能力，但感知能力依旧完好，因为只要在它们皮肤较薄的地方轻轻一刺，它们的身体就会微微颤动。也许有一天，生理学专家在研究神经系统功能时，螽斯这类昆虫会成为绝佳的实验对象。膜翅目昆虫的螯针极其灵敏，可以对某个位置实施精准攻击，因此，它那得天独厚的螯针比我手中粗鲁笨拙的解剖刀要好得多，解剖刀轻轻擦过螽斯表面就足以让它开膛破肚。换个角度来看，目前我从三只猎物身上得到的结论如下：

螽斯仅仅失去了腿部的运动能力，这说明只有支配腿部的神经中枢遭到了破坏，而其他部位都安然无恙，所以螽斯应该是死于饥饿，而不是死于受伤。因此，我进行了新的实验。

我从田里捉了两只健康的螽斯，把其中一只关在黑暗环境中，而另一只则关在光亮环境中，均未提供任何食物。到了第四天，第二只螽斯被饿死了，第五天，第一只螽斯也被饿死了。其中一天的时间差异很容易解释。

处于光亮环境中的螽斯为了恢复自由会四处乱爬，运动会消耗能量，运动量越大，消耗的体能也就越多。因此在没有任何食物的情况下，生活在有光环境中的螽斯运动量更大，寿命也更短；而生活在黑暗环境中的螽斯运动量小，寿命更长。

我把原来三只蟊斯的其中一只关在黑暗环境中，不提供食物。除了禁食和无光的实验条件以外，这只蟊斯还身负重伤；尽管如此，在接下来的十七天里，它的触角仍然一直摆动着，只要"钟摆"还在运行，生命的时钟就不会停止。但是在第十八天，一动不动的触角宣告了实验对象的死亡。因此，在同样的条件下，受重伤的蟊斯的寿命长度是健康蟊斯的四倍。所以，受伤不仅不是蟊斯的死因，还是它生命的助力。

　　虽然乍一看不合逻辑，但其实背后的原因很简单。健康的蟊斯好动，因此体能消耗较大。

　　而瘫痪的蟊斯，处于休息状态，只进行最基本的机能运转以维持生命，因此它的体能也相应地保存了下来。

　　由于缺乏可以补充体能的食物，好动的蟊斯在四天内就耗尽其营养储备，迎来了死亡；而瘫痪的螽斯则一直撑到了第十八天。生理学告诉我们生命是一种持续的消耗，而泥蜂的受害者就恰巧为我们证实了这一点，这种组合是多么的美妙啊。

还有一点值得我们注意。泥蜂幼虫需要新鲜的食物。如果被关在洞穴里的是一只健康的螽斯，那么它在四五天后就会变成一具腐烂的尸体，这样的话，破卵而出的幼虫就只有一团腐物可以食用；但是换成一只被刺伤的螽斯就不同了，它能够活上两三个星期，在此期间幼虫足以完成孵化和发育。

因此，让猎物瘫痪有两个作用：一方面，猎物无法移动，也就无法伤害脆弱的幼虫；另一方面，猎物可以存活较长时间，幼虫因此可以享用新鲜的食物。这是我用科学思维所能想出的最全面的原因了。

另外两只受伤的螽斯一直被我放在黑暗环境中喂养。除了两只不停摆动的长触角以外，它们与尸体没什么两样。起初，喂养它们看似是一项不可能完成的任务。

但它们活动自如的口器给了我一丝希望，于是我进行了尝试。事情比我预想的还要顺利，当然，我喂的不是生菜或者其他绿叶蔬菜，那些是健康螽斯的食物，而这两只受伤螽斯的身体很虚弱，只能食用汁液，我选择用糖水进行喂养。

螽斯仰面躺着，我用麦管把一滴糖水滴到了它的嘴边，它的唇须立刻颤了颤，大颚和颌骨也随之移动。

久未进食的螽斯十分满足地将糖水吞咽入腹。我又继续喂它，直到它不肯再吃了。我喂食的次数不固定，通常是每天一次，偶尔两次，这样至少我不会太像它们的专属护工。

好吧，靠着如此粗糙简单的食物，其中一只螽斯活了二十一天。当然，和之前那只在禁食状态下活了十八天的螽斯相比，它的表现确实不算优秀。不过，我曾两度失手把它从实验桌上重重地摔落到了地面上，这两次受伤肯定加速了它的死亡。另外一只没有被摔伤的螽斯活了四十天。

糖水无法长期替代绿叶蔬菜等天然食物，因此，如果用正常的食物喂养，它们很可能会活得更久。

总之，我的观点被证实了：被泥蜂螯针刺伤的螽斯是死于饥饿，而不是死于受伤。

陈静　译

本能的无知

泥蜂刚刚向我们展示了它在本能驱使下做出的一举一动是多么的无懈可击，多么的惊艳绝伦，而现在，我们将看到，在偏离常规的情况下，它是何等智穷才尽，甚至荒诞不经。渊博的知识与深刻的无知在它身上同时存在，它这种自相矛盾是与生俱来的。

它可以凭借本能完成最难的事情。例如，在建造它那底部由三个菱形组成的六边形蜂巢时，它依靠本能精准地处理了最值问题，而人类要解决这个问题则需要精于代数知识。

又例如，膜翅目昆虫的幼虫以猎物为生，所以它们谋杀的艺术几乎可以与精通解剖学和生理学的人类专家相媲美。总之，只要不超脱那永恒不变的既定循环，它就可以凭借本能轻而易举地完成任何事；然而超脱循环之外的事情，对于它来说则难如登天。

上一秒，我们惊叹于泥蜂的聪明才智，而下一秒，在偏离常规的最简单的事情上，它又表现出惊人的愚蠢。

示例如下。

泥蜂正要把螽斯拖回洞穴，我们跟上去瞧瞧吧。如果运气好，也许会看见我前面想列举的那幕场景。

泥蜂的洞穴藏在岩石下面，然而它在岩石下还发现了一只趴在草叶上的大刀螂，那是一种肉食性昆虫，在它平和的外表下，隐藏着蚕食同类的习性。大刀螂就埋伏在泥蜂的必经之路上，泥蜂肯定知道其中的危险，因为它立刻抛下了猎物，勇敢地冲向大刀螂，给了它几个火辣辣的耳光，试图把它赶走，或者至少吓唬一下它，让它不敢对自己轻举妄动。

匪徒没有反击，而是收起了它的致命武器——前臂和上臂，它们就像两把锋利的锯子。随后，泥蜂又大胆地从对方栖息的草叶下经过。从泥蜂头部的方向望去，我们可以看出它正处于戒备状态，敌人在它目光的震慑下，一动不动。这样的英勇之举起了作用，泥蜂顺利地把猎物储存了起来。

大刀螂还有一个名字，在普罗旺斯人们把它叫作"祈祷者"，也就是祈祷上帝之虫。的确，它那纤长的翅膀好似淡绿色的薄纱，它抬头望天，双臂交叉在胸前，神态像极了虔诚的修女。然而，它本质上却凶猛残忍，杀戮成性。

虽然各类膜翅目昆虫的洞穴不是它最喜欢的地方，但它却经常去。它会潜伏在洞穴附近的灌木丛中，等待着洞穴主人进入它的攻击范围内，这是个一石二鸟的妙计，因为它可以趁机将猎人和猎物一网打尽。

它很有耐心，虽然泥蜂小心翼翼，一直保持着警惕，但往往会逐渐露出破绽，从而成为大刀螂的盘中餐。当猎物走近时，大刀螂会猛然地半张开翅膀，发出沙沙的响声，趁猎物被吓得愣住的时候，大刀螂就迅速弹起身体发动攻击，它那锯齿状的前臂与上臂一开一合，泥蜂就被夹在了两把锯子之间，就像被捕兽夹的两个夹片困住了咬食诱饵的狼。

大刀螂死死地夹住它的猎物，慢条斯理地小口啃食着，就如同虔诚的修女手持祷文默默祈祷。

我曾多次看见大刀螂捕杀猎物的场景，接下来我要讲的一幕发生在欧洲蜂狼①的巢穴前。

欧洲蜂狼会趁蜜蜂采集花粉的时候在花丛中将其捕获，用以喂养幼虫。如果刚刚捕获的蜜蜂满腹花蜜，那么在把猎物存进洞穴之前，欧洲蜂狼肯定会在途中或者洞穴入口处挤压蜜蜂的蜜囊，让美味的花蜜回流到蜜蜂的口腔，濒死的受害者一点一点地把花蜜吐出来之后，欧洲蜂狼就舔舐着受害者的大颚以吸食花蜜。

凶手把蜜蜂的肚子挤得空空如也，对溢出的花蜜大快朵颐，这是对濒死者的亵渎，如果它这种丑恶行径是一种罪行，那么我愿称之为"泥蜂之罪"。

然而，就在进食的时候，欧洲蜂狼被大刀螂抓住了，正所谓恶人自有恶人磨。

其中一个细节令人不寒而栗：大刀螂把欧洲蜂

---

① 蜂狼又叫大头泥蜂。——编者注

狼死死地夹在了锯齿之间，啃食着它的腹部，然而此时欧洲蜂狼却还在舔食着蜜蜂大颚上的花蜜。即使身处死亡的煎熬之中，它仍然无法放弃美味的食物。这一幕实在是太可怕了，我们还是就说到这里吧。

让我们把目光移回到朗格多克飞蝗泥蜂身上。在继续往下说之前，我们应该对它的洞穴稍作了解。它的洞穴一般位于细沙地上，或者是在某种自然庇护所下方。洞穴入口的通道不长，一两英寸，没有拐弯。走过通道，就进入了一个宽敞的椭圆形单间。

总之，它的巢穴并不算精巧，是匆忙挖成的，而不是有足够时间建造出来的精美住宅。我在前面说过，捕获的猎物会被泥蜂暂时丢在捕猎地点，这就是为什么它的洞穴会十分简陋，而且只有一个房间。

毕竟,谁也不知道下一次捕猎行动会发生在什么地方!所以,洞穴必须设在被抓获的猎物附近;而如果存放第一只猎物的洞穴距离第二只猎物太远,则不利于开展第二天的工作。所以,它会给每个猎物都新挖一个洞,配备一个单间。这样一来,洞穴自然会有的在这儿,有的在那儿。

关于洞穴的事情就说到这里吧,接下来让我们做一些实验,以便了解泥蜂在我们为它设置的新环境下是如何表现的。

第一次实验。实验对象是一只拖着猎物、离洞穴只有几英寸远的泥蜂。在不打扰它的情况下,我用剪刀剪断了螽斯的触角,也就是泥蜂用来拖动猎物的缰绳。负重陡然变轻,它被吓了一跳,但随即又恢复了镇定,它走到猎物跟前,毫不犹豫地咬住了触角的根部。

被剪剩下的那一小截触角实在是太短了，几乎只有一毫米长，但对泥蜂来说却已经足够了，它叼起剩下的一小截触角，又开始赶路。

在不伤害泥蜂的前提下，我又小心翼翼地把螽斯的两只触角齐根剪断了。这下它无从下嘴了，然而它又叼起了猎物的一只长唇须，随后继续赶路，丝毫没有因为以上变化而感到不安。我没有再度干预，于是猎物被顺利地运到了洞穴的入口处。

随后，泥蜂只身进入洞穴，在将猎物储存进去之前，对穴室进行简单巡视。它这种行为让我联想到了黄翅飞蝗泥蜂。

趁这么一点儿时间，我找到被搁置在一旁的猎物，把它的唇须齐根剪断，又把它往远处挪了挪，放在离洞穴一步远的地方。

泥蜂出来了，它站在穴口看到了不远处的猎物，然后径直走过去。它围着猎物左看右看，上看下看，却没有发现任何可以咬住的东西。

绝望之下，它进行了新的尝试：它张开大颚，试图咬住螽斯的头部；但是大颚张开的幅度太小，不足以咬住与它体积相当的猎物，于是在它试图咬住猎物那圆滑的头骨时，大颚总是打滑。它又尝试了几次，但还是无济于事。

它明白了自己的努力是无用的。于是它往旁边退了退，似乎不想再继续尝试了。它似乎已经心灰意冷，用后足一下下地抚摸着翅膀，又用舔过的前足揉着眼睛。看到这一幕，我觉得它已经放弃继续努力了。

但其实在螽斯身上，除了触角和唇须以外，还有很多部位可以被轻松咬住。比如螽斯的六条腿和产卵器，这些细小的器官都可以充当牵引绳使用。

我承认，咬住猎物头部的触角，确实是最方便的办法。但是咬住一条腿，特别是一条前腿，也能同样轻松地把猎物拖进洞穴，因为穴口很宽，而且通道短到可以忽略不计。

那么，为什么泥蜂一次也没有尝试着咬住螽斯的跗节或者是产卵器呢？它反而去尝试了一种最不可行的、最荒谬的做法——努力用其短小无比的大颚咬住猎物的巨大头骨。它没有想到这个主意吗？

让我们提醒它一下吧。

我把螽斯的腿和产卵器放到泥蜂嘴边。但泥蜂的态度很坚决，即便我反复诱惑也不起任何作用。

真是个古怪的猎人，它还在为它那失去了触角的猎物发愁，却不知道还可以咬住猎物的腿！也许我的存在和刚刚发生的特别事件扰乱了它的心智。

所以我走开了，把泥蜂和它的猎物留在了穴口处，好让它有足够的时间能够沉下心来，平心静气地想出解决办法。两个小时后，我又回去看了看。泥蜂已经不在那里了，洞穴敞开着，螽斯依然躺在原来的地方。

所以我们可以得出结论：泥蜂没有进行任何尝试就离开了，它舍弃了它的洞穴和猎物，哪怕它只需要咬住猎物的一条腿就能挽救这一切。

当这个弗卢龙①的模仿者压迫猎物大脑使猎物陷入昏迷的时候，我们都被它的科学唬住了；而现在，它在一件常规之外的小事上所表现出来的愚蠢，也同样令我们感到震惊。

它知道如何利用螯针和大颚分别刺激受害者的胸部神经节和颈部神经节，也知道毒针会对猎物的神经造成不可逆转的伤害，而压迫则只会让猎物短暂麻痹，但却不知道咬住猎物的其他部位。

把触角换成腿，对它来说是一件无法理解的事情。它只会咬住猎物的触角或者唇须，如果猎物没

---

① 弗卢龙：法国神经生理学家。——编者注

有触角和唇须，那么它整个种族就会灭亡，因为它解决不了这个顶小的困难。

第二次实验。泥蜂正忙着给洞穴封口，猎物和它刚刚产下的卵就存放在里面。它站在洞穴前，用前跗节把土向后刨到洞口，泥土呈抛物线状从它的腹下穿过，就像流动的液体那样连续不断，它的动作真敏捷啊。

为了增加阻力，它还时不时用大颚捡起砂粒逐一混进泥土中，并用前额和大颚一下下地将土石混合物夯实，使其凝为一个坚固的整体。洞穴的入口很快就被土石混合体砌死了。

泥蜂完成工作后就离开了，而我的工作才刚刚开始，我小心翼翼地用刀刃移除堵在洞穴入口处的土石混合体，把短短的通道清理干净，使洞穴再次与外界相通。里面的螽斯此时头朝里，脚朝外，产卵器垂在洞口处。在不破坏洞穴结构的情况下，我用镊子把它夹了出来。泥蜂的卵位于螽斯胸部一个惯常的位置，也就是后腿的根部；这说明泥蜂在封完洞穴之后，还没有再回来过。

我把猎物妥善地收到箱子里，然后给泥蜂腾出位置，在我洗劫洞穴的时候，泥蜂就在附近窥伺着。

它发现洞穴敞开着，便进去逗留了片刻。随后它又出来了，重新垒砌被我毁掉的大门，也就是说，它又一次把泥土刨向身后，挑拣砂粒，仔细地堵住洞穴的入口，它一丝不苟地把土石混合物夯实，仿佛并非在做无用功。洞穴的入口再次被堵得严严实实，泥蜂拍拍身上，似乎对自己的杰作十分满意，然后便飞走了。

泥蜂肯定知道这个洞穴里已经空空如也了，因为它刚刚才进去过，甚至还在里面逗留了好一会儿；然而，在参观完被洗劫一空的家之后，它还是再次小心翼翼地把洞口堵上了，就好像什么事情都没有发生过一样。它以后还会再使用这个洞穴吗？它还会带着新猎物回来，并在其身上产卵吗？

它谨慎地堵住洞穴有可能是为了防止某些不知趣的家伙偷偷闯进来，也有可能是为了防备其他企图抢占洞穴的昆虫，还有可能是为了预防洞穴内部被损坏。

事实上，当不得不中止工作的时候，有些泥蜂会特意用临时障碍物把洞穴的入口堵上。我曾看到过这一幕。那些泥蜂的洞穴是竖井式的，在出门觅食或者傍晚收工的时候，它们就用一个小石片掩住洞穴的入口。但盖在洞口上的小石片十分轻巧，再次返回的泥蜂可以轻松将其移开，使洞口露出来。

相反，刚刚朗格多克飞蝗泥蜂依次把泥土和砂粒填进通道里，用坚固无比的土石混合体堵住了穴口。所以，建造者的谨慎程度足以说明那不是一个临时性的遮挡，而是最终的成品。

此外，我相信，泥蜂的行为也足以证明它不会再回来了。它会在其他地方捕获新的猎物，也会在其他地方挖掘新的洞穴用来储存猎物。

然而这毕竟只是我的推测，还是让我们从实验中取证吧，在这件事上，实验比逻辑推理更有说服力。

我等了将近一周的时间，以便留出足够的时间让泥蜂回到它的洞穴产卵，如果它想的话。然而，我先前的推测被证实了！洞穴依然保持着我离开时的状态：洞口还是封锁的状态，洞穴里面没有猎物，没有虫卵，也没有幼虫。结论是肯定的：泥蜂没有再回来过。

不过，泥蜂之前悠闲地参观了它被洗劫一空的洞穴，看上去似乎没有注意到它那只体积庞大的猎物消失了。那么，它是真的没有注意到猎物和虫卵不见了吗？它明明在谋杀行动中无比敏锐灵巧，难道会愚钝到发觉不了洞穴里的异样吗？

我竟不敢相信它会如此愚蠢。但如果它察觉到了异样，那么为什么还会傻傻地把空无一物的废弃洞穴认真堵上呢？那毫无意义，甚至极其荒谬；但无论怎样，它都会怀着同样的热忱完成这项工作，似乎幼虫的未来就取决于此。

它的各种本能行为之间存在着必然的联系，因为做完一件事，就必定要做第二件事来接续第一件事，或者为其做后续准备；前后两件事相辅相成，第一件事必定会引出第二件事，即便是在意外情况下，第二件事会变得不合时宜，甚至会损害自身利益。

这个毫无用处的洞穴会被永久废弃，泥蜂不会再回来了,也不会再把猎物和虫卵存放在里面。

那泥蜂为什么还要费力地把洞口堵上呢?我们只能把它这种不合逻辑的行为视作之前行为的必然结果。

按照正常的顺序,泥蜂首先会捕获猎物,然后产卵,最后封住洞穴。泥蜂已经完成了捕猎和产卵的步骤,虽然它的猎物被我从洞穴里面拿走了,不过却妨碍不到它,因为在完成以上步骤后,接下来它要做的就是封住洞穴。这就是泥蜂的做法,没有任何别有用心的动机,也丝毫不会怀疑手头工作的意义。

第三次实验。博学还是无知,这取决于泥蜂所面临的情况是否符合常规,那就是它所呈现出来的悖论。接下来我将借助其他泥蜂的例子来证实这个观点。

白边飞蝗泥蜂的主要捕猎对象是散布在洞穴四周的中等个头儿的蝗虫。

这类蝗虫的数量很多,所以它不需要长途跋涉出去捕猎。当挖好竖井式的洞穴后,它只需在洞穴四周进行搜索,便能很快找到几只正在阳光下吃草的蝗虫。白边飞蝗泥蜂以迅雷不及掩耳之势猛地扑过去,用螫针刺向猎物。泥蜂抽动几下,扑扇着它那胭脂红或碧蓝色的扇形翅膀,又舒展地抖了抖腿,然后猎物就不动了。现在需要把猎物一步步地运回洞穴。

为了完成这项费力的工作,它采用了与黄翅飞蝗泥蜂和朗格多克飞蝗泥蜂相同的办法。它用大颚咬住猎物的触角,拖动着腹下的猎物。如果草丛挡住了它的去路,它就从一片草叶飞到另一片草叶,一跃一跃地继续赶路,但却绝不会放开它的猎物。

当终于离家只有几步远的时候,白边飞蝗泥蜂把猎物丢在途中，匆忙地走向它的洞穴，把头探进去好几次，甚至把身子也伸了进去，查探洞穴里是否存在危险因素。朗格多克飞蝗泥蜂也存在类似行为，不过它却不像白边飞蝗泥蜂这样慎重，甚至经常会略过这一步。查探完毕之后，白边飞蝗泥蜂又返回去找猎物，把猎物带到目的地附近后，它去洞穴进行第二次查探；随后又急急忙忙地反复查探了数次。

在反复探查洞穴的过程中，它偶尔也会遭遇意外。比如，被随意丢弃在斜坡上的猎物可能会滚落到坡底；赶回来的泥蜂在原地找不到猎物，只好徒劳地四处搜寻。如果它找到了猎物，就得再次痛苦地爬上斜坡，但稍后还是会把猎物丢在斜坡上。

在它的这么多次探查中，只有第一次比较符合逻辑。在把笨重的猎物运进洞穴之前，泥蜂自然会来确认入口是否畅通无阻，是否存在障碍物阻碍猎物进入。但除了第一次之外，其他几次时间间隔很短的探查又有什么意义呢？

随着意识的流动，白边飞蝗泥蜂是不是忘记了它刚刚才查探过洞穴？所以它才在片刻之后又匆匆赶回洞穴进行第二次巡视，然后又忘记第二次，重新开始第三次。如果是这样的话，它大概只能进行瞬时记忆，也就是说它的记忆一旦形成就会立即消失。好了，我们还是不要再纠结于这个深奥的问题了。

猎物终于被运到了洞口，它的触角垂进了洞穴里。面对这种情况，白边飞蝗泥蜂照搬了黄翅飞蝗泥蜂惯用的方法，朗格多克飞蝗泥蜂偶尔也会效仿此法。泥蜂会独自进入洞穴，检查一番之后，再回到洞口，咬住蝗虫的触角把它拖进去。

在这一点上，白边飞蝗泥蜂和黄翅飞蝗泥蜂的做法一模一样，它们都把猎物放在洞口，然后独自潜入洞穴。我趁白边飞蝗泥蜂只身进入洞穴的时候，把它的猎物往远处推了一点儿。

在这样的游戏中，黄翅飞蝗泥蜂并不总是上当受骗。因为在它们当中有一些智力超群的精英部落，在经历几次失败之后，这些精英能察觉出我的小把戏，也懂得如何挫败我的阴谋。但这种锐意进取的革命者只占少数，其他大部分都是因循守旧的保守派。生活在不同区的白边飞蝗泥蜂智力水平是否也有所不同呢？

但正在进行中的实验才是我关注的重点，也是我的目标所在。我几次三番把蝗虫拖到离洞口更远的地方，使得白边飞蝗泥蜂不得不把猎物再拖回去，我还趁它下到洞底的时候，把猎物转移到了一个安全的地方，让它找不到。

泥蜂爬上来后，果然找了好一会儿，但当它确认猎物已经丢失之后，就又回到了洞穴。过了一会儿，它又出现了。它要再次去捕猎吗？

当然不是，因为它已经开始为洞穴封口了。它并非是用一块小石片临时遮挡洞口，而是正式封口，它小心翼翼地用被扫进通道的泥土和砂粒把洞口填满。

它的洞穴只有一个小房间，这个小房间里只存放一只猎物。它把捕获的猎物拖到了洞口，但却没能成功地把猎物拖进洞里储存好，这不怪它，都是我的错。白边飞蝗泥蜂按部就班地工作；随后，也按部就班地完成了工作——它堵住了空荡荡的洞穴。它和刚刚被洗劫一空的朗格多克飞蝗泥蜂一样，都小心翼翼地做着无用功。

第四次实验。黄翅飞蝗泥蜂在通道的尽头建了好几个房间，每个房间都被塞进了几只蟋蟀。我不知道，当行动被意外扰乱时，它是否也会做出同样不合逻辑的行为。

它可能也会封住每个房间，不论房间是全空的还是半空的，然后它会继续在这个洞穴的其他房间忙碌着。我相信，黄翅飞蝗泥蜂会像朗格多克飞蝗泥蜂和白边飞蝗泥蜂一样迷糊。理由如下：

当黄翅飞蝗泥蜂完成所有工作后，每个房间里通常会有四只蟋蟀，只有两只或者三只的情况也并不少见。但在我看来，四只才是正常的，首先，这种情况是最常见的；其次，我曾把它的幼虫挖出来喂养，我把蟋蟀一只接一只地喂给它们，当它们还在吃第一只蟋蟀的时候，我就意识到了，无论是原本拥有两三只蟋蟀的幼虫还是拥有四只蟋蟀的幼虫，它们都能轻松吃完我喂给它们的第四只蟋蟀，然而到了第五只，它们就会拒绝进食或者是吃得很勉强。

如果幼虫需要吃四只蟋蟀才能满足发育的需

求，那为什么黄翅飞蝗泥蜂有时会在房间里放三只蟋蟀，甚至只放两只？食物供应的数量几乎差了一倍，为什么会存在如此大的差异？

猎物的个头儿都差不多，所以这不可能是蟋蟀的个体间差异造成的，只能是因为泥蜂在途中丢失了猎物。

泥蜂站在斜坡上，不知怎么，它突然松了口，所以被叼在口中的蟋蟀才会从坡上滚落到坡底。于是，坡底的蟋蟀成了蚂蚁和苍蝇的盘中餐。在这种情况下，泥蜂会选择舍弃猎物，否则它将面临引狼入室的风险。

在我看来，以上事实表明，黄翅飞蝗泥蜂能够准确地估算出要捕捉的蟋蟀数量，但却无法计算出那些已经被储存在洞穴里的猎物数量。它的运算过程似乎很简单，只是在一种不可抗力的推动下，去寻找一定数量的猎物。

当它完成既定次数的捕猎之后,就会尽其所能地把捕获的猎物储存起来,然后封住房间,完全不在意猎物的数量是否足够。出于养育后代的需求,它被大自然赋予了这些只能应对一般情况的本能;这些不加思考的本能,无法通过经验来获得,但却足以保存后代,泥蜂无法在此基础上更进一步了。

总之,就像我在开头说的那样,在本能规划的既定范围内,泥蜂无所不能;但它的本能却忽略了既定范围之外的一切可能。泥蜂集崇高的科学灵感与愚不可及的矛盾行为于一身,展露哪一面取决于它是否处于常规环境。

陈静 译

遗传论

通过这些事实，我们不难发现，父亲的失职似乎是昆虫世界中普遍的规律，然而也存在例外，好比某些种类的食粪虫：它们懂得家庭合作，父亲和母亲几乎一样勤劳，共同参与到家庭的建设当中。可这种近似于伦理道德的天赋是从哪里来的呢？

有人可能会认为，其中的原因在于一方的力量不足以应付儿女的安置问题。每当要为孩子建造栖身之所、储备生活物资时，父亲的参与不是更有利于种族的利益吗？父母合作的成果必定好于母亲独自劳作的成果，此外，还可以避免母亲因工作过度而耗光体力。

这看上去是个极好的理由，但事实往往并非如此。

为什么西绪福斯蜣螂是勤劳的好爸爸，而圣甲虫却整日四处游荡，游手好闲？它们技艺相同，养育子女的方法也相同。

为什么月形蜣螂总是协助伴侣，不离不弃，而西班牙蜣螂不等孩子的食物储存加工完毕，就抛妻弃子，离开家庭呢？两者都会为了制造圆滚滚的粪球耗费大量心力，还会将粪球放进储藏室并严加看守很长时间。从劳动量的多少去判断它们的习性显然是不合适的。

我们再说说膜翅目昆虫吧，若论给后代留遗产，它们绝对称得上模范。在为孩子们积攒财富的过程中，不管是一罐蜜，还是一筐猎物，父亲都不参与，即使是打扫住所，它们也不会动一根手指。

"什么都不做"就是它们信奉的最高原则。很多时候维系家庭耗费巨大,即便是这样也不能唤起父亲的本能。这到底是怎么回事呢?

我们不妨把问题展开,放下虫子,谈谈我们自己吧。每个人都有本能,当这种能力达到一定高度,从一众平庸者中脱颖而出时,便可称为天才。我们为平庸中出现的非凡才能感到惊奇,为别人身上的闪光点感到着迷。尽管由衷欣赏,我们却无法弄清这些闪光点来自何处,也只能评价一句:"他们真有本事。"

一个牧童数着一堆堆的石子来消磨时间,渐渐地,他变得很擅长计算,不需要借助其他工具,只需要思考一小会儿,他就能准确无误地算出结果。我们计算的时候,成堆的数字在脑海里乱作一团,不一会儿就苦不堪言,而他计算时,巨大的数字在脑子里井井有条,数字对他来说就是游戏,他拥有数的才能。

第二个孩子,在我们还在玩弹珠和陀螺的年纪,已经对游戏失去了兴趣。他远离嘈杂的人群,偏居一隅,独自享受着心中天籁般竖琴的奏乐,他的脑袋俨然一座回荡着管风琴声的教堂。丰富的谐音,独为他一人的音乐会奏响,令他心醉神迷。祝福这个未来的音乐家吧,有朝一日,他能唤起我们心中某种高贵的情感,他拥有声的才能。

这第三个孩子,在吃面包还会被果酱弄脏小脸的年纪,却已经喜欢把黏土捏成天真稚拙、憨态可掬的小塑像,令人惊奇不已。他用刀尖把欧石楠根雕成可爱的面具;他把黄杨木雕成羊或马的形状;他还在质地松软的石头上刻上狗狗的头像。任由他去做吧,如果上天助他一臂之力,有朝一日他会成为著名的雕刻家。他拥有形的才能。

这样的例子还有很多,遍布在人类活动各个领域中，例如文学、艺术、哲学、商业等。从一出生起，我们身上就有着某些与普通人不同的潜质，然而这种潜质是从何而来的呢？

有人言之凿凿，认为它们源自遗传，可能是直系遗传，也可能是隔代遗传，时间可能对这种潜质进行了增添或是修改。只要查询族谱，你就会探寻到这种潜质的源头，最开始是涓涓细流，渐渐地汇成了滔滔大河。

遗传，这个词背后蕴含了多么深远的意味啊！科学家试图阐明这种现象，然而并没有成功，他们所留下的，只是一些难懂的术语，让原本就晦涩的事物更加晦涩。

渴求真相的我们，不如就把荒诞不经的理论留给那些乐此不疲的人吧，我们所要做的，不是试图解释那些原生质的秘密，而是致力于观察现象，当然，我们的方法无法揭露本能的根源，但至少能让我们知道哪些探索是徒劳的。

要做这种研究，就需要一个内在特点已经为人们所熟知的对象，可是这种对象到哪里去找呢？假如我们能够探知别人生命深处的秘密，就会得到大量极好的研究对象。然而，除了这个对象自己，没人能探索其生命，即便那亘古流传的记忆和沉思的本领有助于这种探索。进入他人的角色，这点没人能做到，所以要想进行这种研究，只能以自己为研究对象。

我深知，自我令人厌恶。不过为了正在从事的研究，暂且原谅自我吧。现在我将换下审判席上的圣甲虫，犹如对待昆虫一般，以纯粹的灵魂追问自己：我的诸多本能中，占据主导地位的那个到底源自哪里？

自从达尔文称赞我是"无与伦比的观察者"，这个称号就时常在我脑海里萦绕，可我实在不知道自己哪方面配得上这样的称号。我认为,对所有人来说,对遍布周围的事物给予关注本来就是一件有趣且自然的事情。

如果一定要我亲口证实自己对昆虫的好奇心,那我就承认了吧。不错,我感受到了这项天赋,感受到了令我不断接触这个奇异世界的本能。我承认自己很擅长将宝贵的时间花在这上面。而如果可能的话,这些时间本该用于避免旧日的苦痛。

我承认自己醉心于观察昆虫。这个与众不同的爱好,既给我带来了痛苦折磨,也让我体会到无与伦比的快乐。这种爱好是怎么形成的呢?是否应该归因于遗传呢?

芸芸众生都没有历史,只因他们囿于现在,无法留住过去的记忆。

而家族史却能令我们了解亲人们的过往,知道他们如何与残酷的命运斗争,付出了多少艰辛,怎样一点一滴地造就了今天的我们。这些家族的档案，不仅极具教育意义，还能鼓舞人心。对于个人而言，最珍贵的历史莫过于此。但若是时事变动，家庭涣散，年轻的成员被迫离开，那家族从此也会被人遗忘。

作为这个勤劳的家族中再平庸不过的一员，我对家族的记忆十分匮乏。我收集的族谱资料，到了祖父那一辈突然变得非常模糊。之所以花时间研究族谱，一方面是为了弄清遗传给人带来的影响，另一方面是为了在族谱上留出至少一面用以书写我家人的信息。

我从没见过外公，别人告诉我，这位可敬的长辈曾是鲁尔格最贫穷的市镇的执达员。他的工作是用大字在印花的公文纸上抄写早期的拼写词，他带足墨水和笔，翻山越岭，为一个又一个根本付不起钱的穷人制作文书。外公只是一个贫穷的文人，他在艰难的生活中不断挣扎，自然不会对昆虫有丝毫的在意，顶多是遇到一只虫子，就立即把它踩在脚下。这些看起来不怀好意的小虫，根本不值得多看一眼。

再说说外婆，除了家庭还有她的那串佛珠之外，她对什么事都漠不关心。对她来说，如果一张纸上没有盖上公章，那就和损坏视力、晦涩难懂的天书没什么两样。那个时代的人，尤其是平民百姓，有几个会关心读书写字？读书写字是专属于公证人的奢侈品，况且公证人也不会随便写写画画。

应该说，昆虫是外婆最不关心的东西了，如果她在泉水里洗菜的时候，偶然发现菜叶上有一条青虫，她就会立刻吓得跳起来，并把这讨厌的害虫甩得远远的，好像再也不想和这个危险的东西有一丁点关系。

总之，对于外公外婆来说，昆虫是毫无意义、令人讨厌的东西，是他们不敢用身体任何一个部位触碰的东西。所以我断定，自己对于昆虫的兴趣肯定不是从外公外婆那里继承来的。

关于爷爷奶奶的资料要更确切一些。因为他们都比较长寿，所以我才有机会见到他们。

爷爷奶奶都是庄稼人，一辈子没翻开过一本书，他们同字母表之间的怨恨非常深重。他们在淡红的高原上耕耘着一块贫瘠的土地。他们居住的房子坐落在大片的金雀花树和欧石楠之间，周围杳无人烟，只有狼时不时地光顾，这座房子对他们来说就是全世界，除了赶集的日子把牛群赶到附近的几个村落，他们几乎不知道别的地方，即使知道也只是模模糊糊地听说过。

在这片孤寂的荒野里，有一片布满沼泽的灰质洼地，彩虹色的水从这儿渗出，为奶牛提供了丰沛的牧草。

到了夏天，羊群日日夜夜都被圈养在一片布满矮草的斜坡上，一道树枝扎成的栅栏保护它们不受野兽的袭击。随着草地修平，牧场就迁往别处。牧民的小屋坐落在牧场中央，如果窃贼或是狼群从附近的树林中来到这里，两只戴着铁钉项圈的高大牧羊犬就会保卫这里的安宁。

牛栏永远铺着一层深及我膝盖的牛粪，粪堆中点缀着闪烁着咖啡色的粪尿坑。这里居民众多，快断奶的羊羔蹦蹦跳跳；鹅吹着喇叭；鸡抓刨泥土；母猪呼噜呼噜地叫，一窝猪崽吊在母亲的乳房上吃奶。

严酷的气候限制了当地的农业发展。在适宜的时节，人们放火焚烧荒野上遍布的金雀花树，等到燃烧殆尽，再用步犁翻耕土地，燃烧的灰烬就会使土地再次变得肥沃。

人们就可以在这些土地上种植黑麦、燕麦和土豆。而最好的一小块土地总是留给麻类植物的，纺纱杆和纺锤的布料就是以大麻为原料，因此奶奶非常喜欢大麻。

爷爷是个牧民，在放牛放羊方面可谓是个行家，而除此之外的事情就一概不知了。

如果他知道远在他乡有这么一个孙子，对虫子——这种他这辈子都没多看过一眼的无聊东西感兴趣，他得有多惊讶啊！如果他猜到这个疯子就是我——那个坐在他旁边的小男孩，他肯定会一巴掌拍在我的后背上，他愤怒的眼神会有多么吓人啊！他肯定会吼道："是谁叫你把时间浪费在这种无聊至极的事情上的！"

作为家庭中德高望重的长辈，爷爷总是不苟言笑，我常常看到他严肃的脸。他经常用手指把浓密的头发推到耳后,垂到肩膀上,标准的古代高卢人发型。爷爷经常戴着三角小帽,穿着一条长度及膝的短裤,脚上一双塞满了稻草的木鞋,走起路来总是咯吱作响。

哦不!童年钟爱的游戏,养蝈蝈,挖食粪虫,在他周围我可不敢做这些。

奶奶是一位虔诚的教徒,她头戴一顶罗德兹山区妇女特有的毡帽,宛如一个黑色的大圆盘,像木板一样坚硬,中央的帽顶隆起一指的高度,比六法郎面值的纸币略宽。一根黑色的饰带系在下巴下面,起到固定的作用,使帽子优雅又稳妥地戴在头上。

腌制食品、麻类植物、小鸡、乳制品、洗涤液、黄油、孩子,奶奶全部的心思都花在了这些事上。

左边竖着纺纱棒,棒上布着一些麻丝碎屑,右手握着纺锤，上上下下灵巧地舞动，不时地还要用唾液浸润。奶奶仿佛不知疲倦，总能把家务做得井井有条。

我的记忆总是回到冬日的一个个傍晚，全家人聚在一起聊天的好时光。

晚饭时间一到，一家老老少少围坐在一张长桌旁，凳子是用冷杉木做的，四根腿用木钉固定在长板上，显得不太牢固，两张凳子拼在一起，刚好坐得下所有人。每个人面前都摆放着饭碗和锡质汤勺。

餐桌的一头永远放着一个黑色的大面包，足有一个车轮那么大，上面覆盖着散发出灰汁气味的麻布。

爷爷总是先用刀切下够一餐吃的分量，随后用那把只有他有权使用的刀子，把切下的面包再分给我们，每个人把分到的面包仔细掰碎，然后放在碗里。

然后就是奶奶登场了,大锅坐在烧得正旺的炉火上,里面的汤咕嘟作响,散发出浓郁的萝卜和猪肉香气。奶奶用一把镀锡的铁勺,挨个为我们盛满够浸润面包块的汤,再捞出萝卜和肥瘦相间的火腿片放在碗里。

桌子的另一头放着水罐,谁要是渴了就去喝个痛快。

多美的一餐啊!要是再有点儿家庭自制的白奶酪,就再好不过了!

外面天寒地冻,而屋内,整根整根的树干被送入壁炉中,火焰熊熊燃烧。

这巨大壁炉旁一个沾满烟灰的角落里,摆放着一块板岩薄片,它是夜晚用来照明的,里面燃烧的松枝经过了精挑细选,每一根都呈半透明状,浸透了树脂。这盏灯能够发出暗红的煤烟色光芒,有了它，小油灯内的胡桃油就能省下不少。

待到碗中的食物吃完，最后一小块乳酪存放起来，奶奶就抄起木凳，坐到炉火一角，重新开始鼓弄起她的纺纱棒。我们这些小孩子，不论男孩和女孩都蹲到了燃着金雀花木的炉火边，将手伸向跳跃的火舌取暖。

我们围着奶奶，竖起耳朵听她讲故事。

她讲的都是些很老的故事，几乎一成不变，却非常精彩，引人入胜。狼常常出现在故事里，它是很多故事的主角，我们经常被吓得浑身起鸡皮疙瘩。我倒想看看这头狼，但是牧羊人从来不允许我晚上去牧场中央的茅屋。

当我们听够了野兽、龙和蝰蛇的故事，浸透松脂的小木块也发出它最后一抹微弱的红光时，就到了睡觉的时间，劳动之后睡得格外香甜。我是家中年龄最小的孩子，享有睡床垫——也就是那个塞满燕麦壳的大袋子的权利,而我的哥哥姐姐却只能躺在麦秸上睡觉。

亲爱的奶奶,您给了我太多!在我伤心时,您温暖的膝盖总是第一个给我以安慰。我可能遗传了您健壮的体格以及对劳动的热爱,但对昆虫的热情,却完全不是从您和爷爷那儿继承来的。

其实即使是我的父母,也同样没有遗传给我任何对昆虫的兴趣。我的母亲目不识丁,她所受的教育仅限于艰辛的生活赋予她的经验。这同我的爱好诞生的条件截然相反。我可以确定,这个爱好来自别处。

那么它有可能来自我父亲身上吗?也不可能。我的父亲勤劳能干,身体和爷爷一样健壮。这样一个好男儿,年轻时还上过学。他会写字,只是经常由着性子随意拼写;他也能读书,只要难度不超过历史趣闻,他都能读得懂。父亲是我们家族中第一个受到城市诱惑的人，结果却没遇到好运。

靠着微薄的财产，有限的技能，天知道他是如何勉强维持生计的。他尝遍了农民变身成为城里人所经历的失落和沮丧。尽管他心地善良，却还是厄运缠身，被生活的重担压得透不过气。因此他是绝对不会支持我投身昆虫事业的，他有更重要、更紧迫的事情要操心。因此当他发现我用大头钉将昆虫钉到软木瓶塞上时，狠狠地扇了我几个耳光。这就是我从父亲那里得到的所有鼓励，或许他是对的吧。

结论很明显，我观察事物的爱好和遗传毫无关联。大家可能会说我追根溯源的程度太浅，可即使再往祖父母上面几代人中追寻，又可以找到什么呢？我只清楚一点，就是我将会发现更纯朴的直系亲属。庄稼人、种黑麦的人、放牧人。同样因为生存环境的影响，他们对于仔细观察事物更是一窍不通。

可是，从很小的时候，我热爱观察、充满好奇的特点已经露出端倪。我为什么没有提及最初的发现呢？因为这些发现非常幼稚，不过，它们却能帮助我们理解才能是如何诞生的。

在我五六岁的时候，父母为了减少清贫之家一张吃饭的嘴，恰如我上面提到将我委托给奶奶抚养。

在奶奶那儿，在缺少玩伴的寂寞中，在牛羊鹅中间，我的天赋微光初显。

在这以前，我的生活是穿不透的厚重黑暗，自从内心乍现了曙光之后，真正的生活才刚刚开始。

它驱散了混沌的乌云，给我留下难忘的记忆。我仿佛又看到自己身穿棕色粗呢长袍，长袍已被污泥弄脏拖在脚后跟上；我还记得自己经常弄丢手绢，只能用袖口擦嘴，奶奶就用一根细绳把手绢挂在我的皮带上。

有一天,我这个喜欢安静沉思的小男孩,倒背着小手,身子转向天空的太阳,沉醉在炫目的灿烂阳光下,我宛如一只禁不住灯光蛊惑的尺蠖蛾。我是用嘴巴和眼睛来享受绚烂光辉的吗?

这即是我刚萌芽的科学好奇心所提出的问题。大家请不要笑我,未来的观察家已开始锻炼自己了,已经开始做实验了。我张大嘴巴,紧闭双眼,灿烂的阳光不见了;我睁大双眼,闭起嘴巴,灿烂的阳光重现了。我一次次反复实验,结果都是一样的。啊,我成功了,我终于明白自己是用眼睛感受阳光的,这是多么惊人的发现啊!我惊喜地向家人禀报了这个新发现,奶奶慈爱地笑着我的天真,家中其他成员也嘲笑我,世间的事原本即是如此呀。

我当时还有一个新发现。傍晚时分,我听到不远处的荆棘丛中传出一些清脆的撞击声。在寂静的黑夜中，这声音极其微小又柔和。这是什么声音？是一只在窝巢内啁啾的小鸟吗？

我想要去看看，尽快地弄清楚。我听说那儿经常有狼出没，可我依然热切地希望去探个究竟，那声音离得并不远，就在金雀花树的后面。

我久久地守候窥伺，但也只是枉然。只要荆棘丛发出一丁点声响，那声音就戛然而止。

第二天，我又去听那声音，第三天再去。这一回我坚持不懈的潜伏终于成功了。

我猛然伸出手抓住了那歌唱者。不是一只小鸟，是一只蝈蝈儿，我的伙伴教过我如何享用它的大腿。这也算我漫长的潜伏获得的微薄补偿吧。

而这件事的美妙之处，并非在于那双虾子味似的后腿，而是我刚刚学会的新东西。

从此以后，我知道了蝈蝈儿会唱歌。我没有将这次的发现说出去，因为担心会跟上次的太阳事件一样遭到大家的嘲笑。

哦！那些田里长的、屋旁开的美丽的花朵，好像在用它们紫色的大眼睛冲我微笑。

不久以后，我在相同的位置发现了一串串红色的大樱桃。我尝了一下，味道又酸又涩，里面也没果核。哦，这是什么品种的樱桃呢？

季末时，爷爷拿着铁锹走到了这里，将我的观察园翻了个底朝天，从地底下刨出许多圆滚滚的根茎。我认识这种东西，家中囤积了不少，很多次我将它们拿到烧草肥田的炉灶上去煮，它就是土豆，紫色的花与红色的果，永远在我的回忆中占据一席之地。

这个只有六岁的小男孩——未来的观察家，时刻睁大眼睛注视着身边的动物和植物，在潜移默化中锻炼了自己。他走向花草、昆虫，恰如粉蝶扑向甘蓝、蛱蝶飞向蓟草。

他怀着遗传都无法解释的好奇心，观察、探寻。在他身上，一种在他家族中从未出现过的才能正在萌芽，好像一颗火种并不属于它的炉灶。这微不足道、毫无用处的东西，孩童的异想天开，日后会变成什么呢？

若没有教育去引导，没有榜样去培养，没有训练去壮大，毫无疑问，这种才能会熄灭。因此，学校就可以阐明很多遗传解释不了的东西。这恰是我即将探讨的问题。

宋傲　译

我的学校

我回到了村子，回到了父母的家。我已经七岁了，到了上学的年龄，再没有比这更棒的了，我的老师也是我的教父。

眼前的这个房子就是我初识字母表的地方，可怎么称呼它呢？恐怕没有一个合适的字眼能够形容它，因为这个房间可以用来做所有事，它是教室、厨房、寝室、食堂，有时也是鸡棚、猪圈。提到学校，当时的人们几乎不会联想到高大宽敞的教学楼，一个破破烂烂的藏身之所就足以成为一间教室。

房间里有一道宽大的梯子通往二楼，梯子下方的木制凹室内摆放着一张大床，而楼上有些什么，我始终不知道。

老师有时会从楼上搬下一些喂驴的草料，有时会搬下一小筐土豆，然后师母把这些土豆倒入煮猪食的小锅里。

楼上的房间也许是用来存放人和动物食物的储物间。上下两个房间就构成了整幢房子。

楼下便是我们的教室了，南边的墙上开了一扇窗子，也是房子里唯一的一扇窗。这扇窗子又矮又窄，窗框可以碰到人的脑袋与肩膀。当有阳光从窗子照射进来时，这里就成了整个房间内唯一温暖快乐的地方。从窗口向外看，大半个村庄顺着漏斗形山谷的斜坡铺展开来。窗洞边上摆放着老师的小桌。

窗户对面的墙上有一个壁龛，上面放着一个盛满水的铜桶,在阳光下闪闪发光。口渴的时候,可以走过去用旁边的水杯舀水痛饮。壁龛上方的架子上摆放着几件锡器,有盘子、碟子和平底大口杯。这些器具只有在盛大节日时才会从架子上拿下来使用。

阳光照射进来,大片大片地洒在墙壁上色彩斑斓的肖像画上。

悲悯的圣母,承受着七种苦难的神明之母,她蓝色的祭服微微敞开,袒露着被七把利剑所刺伤的心;处在其间的天主,双目圆睁瞪着太阳与月亮,他的长袍鼓起,犹如身处狂风之中。

窗户右侧的墙壁上,画着永世流浪的犹大,画中的犹大头戴三角帽,身披白色皮袍,脚穿钉鞋,手里握着一根棍子。画框上写着几句悲歌:"人们从未见过这样一个满脸胡子的人。"画家也没有忽略这个细节:犹大的胡子雪崩般地披散到围裙上,一直垂到他的膝盖。

左侧是布拉班特的热纳维埃芙,一头母鹿陪伴着她;邪恶的戈洛潜藏在丛生的荆棘中,手中紧握一把匕首。

这幅画的上方画的是克雷迪先生之死,恶毒的顾客以前来付钱的借口将他杀死在门槛处。房间四周空余的墙壁上,都挂满了各类题材的画像。

面对这样一个博物馆,我总是惊叹不已,大片的红、蓝、黄、绿,吸引着人们的目光。老师把这些藏品挂在墙上,并非为了培养大家的审美与心智,他才不会把这些事放在心上,作为一名独具风格的艺术家,他只是根据自己的嗜好、品位来装饰住宅;而我们不过是恰好有这样的眼福罢了。

如果说这座每幅画值一苏的博物馆都能够让我感到幸福的话,那么冬天来临,天寒地冻,大雪纷飞的时候，屋中另一样东西更让我喜欢。

那就是紧贴着后墙的壁炉，和奶奶家的那个一样，它可称得上是一个宏伟的建筑。壁炉拱形的上端几乎和房间一般宽，大大的壁凹有着很多的用途。

炉床设在壁炉的中央，左右两侧和栏杆同高的地方有两个打开的壁龛，一个由细木制作，另一个由砖石堆砌。两个壁龛就是两张床，簸扬后的麦壳床垫铺在上面，两张可以滑动的木板充当了百叶窗，若是有谁困了想找个清净的地方小憩一会儿，只要拉上木板，就可以享受单独的房间了。这两个藏在壁龛下面的寝室，向这所学校里两个享有特权的寄宿生提供了睡觉的地方。每当夜幕降临，西北风在漆黑的运河口上呼啸，扬起纷飞的大雪时，只要关上挡板，就能在壁龛里沉稳地睡去。

屋子的其他空间全都被壁炉炉床，还有它的附属装备占用了：三角凳，干燥用的盐盒，重到要用两只手才能拿起的铁铲，还有风箱。这个风箱和爷爷家的一样，每次往里面吹气时，都得用力鼓起两个腮帮。它由一根粗壮的杉木用烧红的铁掏空制作而成。嘴呼出的气通过一根管道到达炉子内需要点燃的柴火上。两块石头垒起的台子上，一捆捆树枝正在熊熊燃烧，这些柴火有些是老师带来的，有些是学生们每天早晨上学时带来的，只有带来柴火的人才有权享用壁炉里烹饪的美味佳肴。

此外，炉火也并非专为我们而燃。首先，那一排的三口小锅需要加热，里面用文火煮着猪的食物——麸皮与土豆。尽管我们带来了干柴，但显然炉火的真正用途是烹煮猪食。

两个享有特权的寄宿生，坐在凳子上；而其他人则围着大锅蹲着，围成半个圆圈。大锅里的食物已经溢到了锅边,不断吐出阵阵蒸气,并发出扑通扑通的声响。

当老师的目光移向别处,孩子们中就有大胆的,用刀尖偷偷地戳进锅里煮得恰到好处的土豆,添到他的面包上。应该承认,虽然我们学得少,但吃得可不少。一只手还写着字母或数字,另一只手就砸着胡桃往嘴里送,或是啃着硬邦邦的面包,这都是再惯常不过的事了。

对我们这些小孩子来说,除了可以一边学习一边吃以外,还有两种和砸胡桃一样有趣的事给我们的学习生活增添了欢乐。屋子里有扇门通向家禽饲养场,在那儿,小鸡簇拥着鸡妈妈,用爪子在粪堆里刨来刨去,小猪正在石槽里调皮地戏水。

这扇门通常是打开的,我们就可以借此机会溜出去玩儿,有些捣蛋鬼还会想尽办法不让它关上。

有时候小猪会排着队,循着煮土豆的香味一个接一个地跑来。像我这样年龄稍小的孩子，座位恰巧在铜桶下面，紧贴着墙。每当吃多了胡桃而口渴时，很容易就能喝到水。我们的板凳恰好在小猪涌入的过道上。

它们迈着小碎步，咕噜咕噜地走进来，细细的小尾巴卷曲着。小猪在我们腿边磨蹭着，探出娇嫩的粉色小嘴，在我们的手心搜寻着剩下的面包渣。它们灵巧的小眼睛还会盯着我们，仿佛在探问大家，口袋里是否还有干栗子可吃呀？这些可爱的小家伙在教室里巡游着，时而跑到这儿，时而蹲在那儿，最后总是被老师玩笑似的挥起手帕赶回饲养场。

有时母鸡也会带着一群毛茸茸的小鸡，前呼后拥地来参观。这时大家急忙掰碎面包，来招待这群可爱的观光客。大家互不服输，比着看谁招待得更殷勤，尽力把它们吸引到自己身边，还会用小手轻轻抚摸小鸡背上柔软的绒毛。是啊,学校从不缺少娱乐消遣的事。

在这样的学校里能学到什么呢?先说说我这样年龄小的学生吧。我们人手一本价值两苏的儿童识字课本。封面是灰色的,上面总是画着一只鸽子或类似的东西。

课本的扉页上画着一个十字架;后面就是连串的字母;再后面就是令孩子望而生畏的 ba、be、bi、bo、bu,许多孩子都发不准这些音。翻过这可怕的一面后,我们就理所当然地被认为掌握了拼读,可以和大孩子一起学习了。

可是,老师在用这本教材的时候,至少应该顾及每一个年龄小的孩子吧,至少应该教会我们怎么用它学习吧。然而,这位勤勤恳恳的老师,在大孩子身上花费了太多精力,根本无暇顾及我们。那本鸽子封面的儿童识字课本仅仅是为了让我们这些小家伙有个小学生的样子。

我们应该端坐在小板凳上看书、思考,假如邻座的同学碰巧认识几个字母,就能在他的帮助下学会它们。但是,我们这些小家伙又能思考出什么呢?要么是心思全在小锅里的土豆上,要么是在为一粒弹珠吵闹,又或者是看小猪呼噜呼噜地闯进教室,小鸡成群结队地走过来。不过,这些分心事倒让我们有耐心等待老师宣布放学,这才是我们最关心的事情啊!

大点儿的孩子们坐在窗下写字,屋子仅有的那一点儿光线都留给了他们。犹大和戈洛夹着他们隔空对望。屋子内唯一一张周围有板凳的桌子也归他们。学校不提供任何学习用品,哪怕是一点儿墨水,每个孩子来上学时都要自带所有学习用品。

当时的墨水瓶是一种两层的小纸盒,令人联想起拉伯雷笔下的那古老的笔盒：上面那层放的是羽毛笔，通常是取自鹅或火鸡翅膀上的羽毛，用小刀削剪制作而成；下面那层放有一个小玻璃瓶，里面是炭黑加入醋制成的墨水。

老师很重要的一项工作就是修剪羽毛，这项工作极其精细，一个不小心就有可能划破手指。剪完羽毛，老师再根据学生的余力，在空白练习本的第一行画上一条线，并写下一行字母或单词。

随后，同学们就可以欣赏老师美丽的图画了。

老师的手腕像海浪般起起伏伏，仅凭小指支撑，预备着后面的动作。忽然，这只手离开原地腾空飞舞起来。随即，在刚刚画的那条横线下面，一个螺线形枝条编织成的美丽的花环就出现在纸面上，花环内还有一只展翅欲飞的鸟儿。所有这些都是用红墨水画成的，只有这样的杰作才配得上这支羽毛笔。

不管大孩子还是小孩子，面对这样的奇迹全都惊呆了。晚上家人聚在一起聊天时，孩子们会把这幅杰作给家人相互传看，他们不禁赞叹道："多了不起的人呀！他只需一笔就能将圣灵描绘出来。"

在学校里，孩子们都读什么书呢？最多读上几段法文的圣徒故事；拉丁文倒是经常学，主要是为了教大家在晚祷时虔诚地唱圣歌；成绩最好的学生会尝试着辨读公证人手抄的、潦草无比、仿佛天书一般的买卖契约。

关于历史、地理呢？从没有人提起这些。地球是圆的还是方的，跟我们又有什么关系呢！知道这些，人们工作中遇到的困难也并不会因此而减少。

至于语法嘛，老师极少提及，我们更是没放在心上。什么名词，什么直陈式、虚拟式，以及其他语法术语，虽然新鲜，却也叫人摸不着头脑，讨厌极了。要想正确运用书面语或口头语,自然离不开实践。然而,这个问题并不能束缚住大家,我们不会因此而战战兢兢、小心翼翼地说话。一放学就回家放羊,花大工夫研究这些又有何益处呢?

那么计算呢?的确,我们都多多少少学过一点儿,但可不是以这样一个高深的名字,它被我们叫作"算数",无非就是写下一些不是很长的数字,将它们一个个地加起来,或将一个减一个,这本就是日常要做的事情。星期六晚上,为了顺利完成本周的学习,同学们都忙碌起来。成绩最棒的同学站起来,用清亮的嗓门背诵小册子中的第一个"十二"。我之所以提到这个数字,是由于当时采用旧的十二进位制,这种用法将乘法表一直扩展到十二。

那个优等生背诵完第一个"十二"之后,全屋的孩子齐声重复,年龄小的孩子也要参与进来。此时的喧闹声,倘若小猪、小鸡也在场的话,恐怕会被我们吵得四散逃走的。乘法表要一直背诵到"十二乘十二",领诵的同学给下一个"十二"起音,接着全班的孩子再次齐声背诵,并且唯恐嗓门提得不够高。学校教的东西中,大家学得最好的就是小册子了,这种喧嚷的背诵办法,终于把数字牢牢地印在了我们的脑袋里。

可是,这并不是说我们都掌握了高超的计算本领,就算是背得最熟的学生,在乘法进位时也常常晕头转向。

至于除法嘛,能达到这个级别的学生可谓凤毛麟角。总而言之,能用心算法解决的简单问题,就绝不会用高深的计算法去解决。

总的来说,我们的老师是一个卓越的人。对他而言,要把学校办好,只缺少一样东西,那就是时间。因为公事繁忙，他的休息时间本来就所剩无几，然而他还是把这一点点时间花在了我们身上。

我的老师替一个外村的地主管理财产，这个地主很长时间才会露一次面。他还替人看守一座四栋塔楼的古堡，如今这四栋塔楼已变为鸽棚。此外，他还负责收贮干草、摘打胡桃、采摘苹果、收割燕麦。在天气晴好的日子，我们都会去帮他的忙。

我们冬天上课的教室，这时候几乎没什么人了，只留下几个还无法参与农活的小孩子，他们中的某一个在将来会以文字的形式记录下这些难忘的事。这时上课就更快乐了，课堂经常被搬到麦秸或干草堆上。而上课的内容常常就是打扫鸽棚，或是消灭蜗牛，这些蜗牛，一到雨天就从它们的基地城堡旁花园里黄杨木林中出来。

我的老师还是一个理发师，他用那只灵巧的手，那只会画美丽花环、鸟儿来点缀学生们练习册的手,为本地的牧师、公证人和村长等头面人物理发。

我的老师又是一名敲钟人,每逢婚礼、受洗仪式等,我们的课就会暂停,因为老师需要去敲响钟声。

一场雷雨也能给我们带来假期,也是因为老师要去摇动大钟,好提醒村民们预防雷电与冰雹。

我的老师也在唱诗班担任领唱,当他在晚祷上唱圣母赞歌的时候,那浑厚有力的声音响彻整座教堂。

我的老师还负责给村里的大钟上发条、校准时间,这是项荣誉的职务。只需抬头望一眼空中的太阳,他就能知道大约的时间,随后他爬上钟楼,掀开木板,钻进巨大的钟室调试时间,只有他对这里了若指掌。

有这样的学校，这样的老师，这样的榜样，我那刚刚萌芽、尚不明确的爱好和兴趣会变成什么样呢？处在这种环境里，这些兴趣爱好应该会凋零甚至消亡。

可事实并非如此，胚芽强大的生命力仿佛注入了我的血管，然后就再也没有离开我的身体。

它遍寻养分，甚至找上了那值两个苏的课本，封面上那简笔画就的鸽子，我对这个画像的兴趣与思考，可远远超过了花在字母 ABC 上的心思！

鸽子的圆眼睛周围有一圈点状的斑纹，好像在冲我微笑。我一根根地数着它翅膀上的羽毛，仿佛看到了它遨游在云端的神采，自己也跟随它来到了山毛榉林里。在苔藓铺成的地毯上，山毛榉挺直了光滑的树干，白色的蘑菇从地下钻出来，犹如流浪的母鸡丢下的一颗颗蛋。这翅膀还载我前往白雪皑皑的山峰，鸟儿的小红爪在雪峰上留下星形的印记。我的鸽子朋友真是棒极了,它让我忘记封面后潜伏的痛苦。看着它,我就能乖乖坐在板凳上,耐心地等待放学。

室外课堂真是其乐无穷,当老师带领我们去踩黄杨树林里的蜗牛时,我不会一直赶尽杀绝,我的脚后跟偶尔会停在刚收集来的一堆蜗牛前。它们实在是太漂亮了!请看:黄色的、粉色的、白色的、褐色的,它们的壳上都点缀了螺旋形的黑色绶带。我悄悄地把色彩最亮的装满口袋,以便随时拿出来赏玩。

收割草料的时节,我会抓几只青蛙,把它们的皮剥了,放到一根劈开的竹竿梢上做诱饵,放在小溪的边上,引诱虾子钻出洞穴。

我爬到赤杨树上捉金龟子,这种金龟子是那么漂亮,以至于碧蓝的天空都变得苍白。我也会去采摘水仙花，学着用舌尖去吸吮那甜蜜的花汁，只有带裂口的花冠底部才含有这样的花汁。我还听说，过多品尝这种佳酿，可能会出现头疼，可即使这样，我对这种花冠上点缀一圈红色纹路的白色花朵还是赞慕不已。

到了打胡桃的时候，稀疏的草地里藏有很多蝗虫。它们张开蓝色或红色的扇形翅膀。

这种荒野的学校，就算正值隆冬，也在向我的好奇心源源不断地提供养料。无须任何引导和范例，我对昆虫和植物的热情与日俱增。

而我的文科知识却因为那只鸽子止步不前，只停留在讨厌的字母表。父亲有时会一时兴起，从城里买来一些书来激发我的阅读兴趣。虽然这本书的确对我产生了启智的作用，可我从中学到的东西确实不多。哦，应该说确实很少！书中那幅价值六里亚的彩图被分割成几格，每格都画有一种动物，所有动物名字的首字母都被标注出来，从而教孩子们认识字母。

这幅珍贵的图画应放到什么地方才好呢？恰巧家中孩子的房间里，有一个跟教室相同的窗户，底部也开了一个壁龛，从那里也能把整个村子尽收眼底。这两扇窗子在鸽棚古堡的两侧，并且与漏斗形的山谷几乎同高，这扇窗户包揽了大片秋色。

在学校里，每隔很久，等老师从他那张小桌边走开时，我才可以趁机享受一下窗外的风景。而在家，这扇窗却供我随意欣赏，我可以久久地坐在窗洞里的一张小木板上欣赏风景。

那儿有着极佳的视野，我望到了天地的边界，望到了一个薄雾弥漫的缺口，望到了挡住地平线的丘陵。哦，在那个缺口里面，赤杨与柳树的下面，一条小溪正在缓缓流淌，虾子在里面畅游。

缺口旁的山脊上，几棵橡树顶着北风，直插云霄；再远就望不到什么了，那里是遍布神秘的未知世界。

谷底坐落着一座教堂，教堂内有三座撞钟，一座时钟；再往上一点儿是一个广场；在开阔的拱顶遮蔽下，喷泉的水淙淙地流淌着，从一个水池流向另一个水池。

我坐在窗边就能听到水边洗衣服的主妇们絮絮叨叨地闲聊声、棒槌捶衣声，还有她们用沙子和醋擦洗锅子时发出的尖厉的声音。

斜坡上稀稀疏疏地散落着一些小屋，屋前的小花园呈阶梯状，四周围着摇摇晃晃的墙，墙在泥土的作用下凸起一块。到处都是陡峭的斜坡小路，整个路面都是由凹凸不平的天然石子铺砌而成。骡子纵然有稳健的蹄子，走在这种危险的路上，也不敢贸然驮着伐下的树枝前行。

村外小山丘的半山腰上，长着一棵粗壮高大的百年椴树,我们把它叫作"这样树"。它那粗壮的树干因时间的侵袭留下的空洞成了我们捉迷藏时最喜欢的藏身之所。每逢赶集的日子,椴树那茂密的树冠就为往来的牛羊群洒下树荫。

在全年唯一的庄严日子里,我脑海中忽然冒出几个想法,我明白眼前贝壳状起伏的丘陵并不是世界的尽头。我看到小酒馆的老板把酒装入山羊皮囊中,由骡子驮着运来。在开阔的大广场上,我看见坛子里盛满了煮好的梨,我还看到排成行的一筐筐的葡萄。人们刚刚认识这种水果不久,就已经对它垂涎三尺了。我很喜欢转盘,只要付上一个苏,就可以转动转盘,等到指针停在圆盘上的某一点,就能得到相应的礼品,有时是一个鬈毛狗样子的玫瑰色麦芽糖,有时是一个装满茴香杏仁糖的小圆瓶,当然也可能是两手空空,这种情况是最多的。

地面上,一块灰色的麻布上,摆放着印有红花的印度花布卷，村子里的姑娘们对此很有兴趣。在不远处陈列着黄杨木笛、陀螺与山毛榉木鞋。牧羊人在那里挑选自己满意的乐器，试吹几支简单的曲调。

对我来说，这里新奇的东西可太多了！天地之间，值得观赏的东西简直令我目不暇接！然而，欣赏奇迹的时间太短暂了。黄昏时分，有人在小酒馆中推搡、斗嘴皮，在此之后，所有的一切便宣告结束了，村庄又恢复了往日的宁静。

我们不要过久地回忆生命的黎明。从城里买来的这幅名画，我将它放在什么地方更方便观赏呢？当然是将它摆放到我的窗洞里。屋子的凹陷处与小木板座位，构成了一个小小的学习室。我可以在这里轮番欣赏粗壮的椴树和儿童识字课本上的小动物。

我的宝贝图画，现在我要与你亲密接触了。我们从勤劳的牲畜驴（âne）开始吧，它的名字是以粗大的字母开头，教会了我字母"A"；牛（boeuf）教会了我字母"B"；鸭子（canard）教会了我字母"C"；火鸡（dindon）让我清晰地读出字母"D"，余下的以此类推。没错，有几个格子没有亮光。我与河马（hippopotame）、瘤牛（zebu）的关系就很冷淡，它们想让我读出"H"与"Z"。这些莫名其妙的动物，我一点儿都不熟悉，让我根据他们去联想对应的字母实在太抽象了，还有那顽固倔强的辅音，令我踟蹰不前了好一段时间。

在困难重重的时候，父亲及时出来帮助了我。我进步极快，很短的几天里，就可以毫无障碍地翻阅那本鸽子封面的小书了。要知道，直到那天以前，这本小书对我来说还仿佛天书呢！我入门了，学会了拼写，我的父母对我的进步感到吃惊。

今天我可以解释这意料之外的进步。这些图画非常具有启发性，令我与小动物们打交道，这很符合我的天性。尽管小动物们未兑现它们的诺言，我依然想向它们道谢，是它们教会了我识字。即便通过其他的途径，我也可以实现这个目的，不过肯定不会如此迅速、如此愉快。动物万岁！

好运又一次降临到了我身上。有一个值得尊敬的人送了我一本拉·封丹的《寓言诗》，作为对我进步的鼓励。这本书价值二十苏，配有很多图画。这些图画都比较小，画得也不准确，可它们是那么的美妙。

驴子、小狗、兔子、小猫、乌鸦、狐狸、狼、喜鹊和青蛙等，全是我所熟识的动物。

啊，这本书真的是太美妙了！书中那些动物对话的插图，恰好符合我的兴趣爱好。至于书里到底说了些什么，就另当别论了。

加油干吧,我的孩子,把那些目前你还没有兴趣的音节积累起来,日后它们一定会对你开口讲话的,拉·封丹将永远是你的朋友。

十岁那年,我进入了罗德兹小学。在一所大学的小教堂里,我担任了侍童的职务,这让我得到了免费走读的待遇。我们四名侍童头戴红色的无边小圆帽,身穿白色的宽袖长袍,有时也会穿红色的长袍。我在四人中年龄最小,仅仅是个凑数的。什么时候应该摇铃,什么时候应该移开祈祷书,我一直都不大清楚。我们四名侍童,两个从这边走来,两个从那边走来,在唱诗班的中央屈膝跪下。每次日课结束之前,当大家唱起颂歌《主啊,您做我们的救世王吧》,我都会禁不住浑身颤抖。这是怯懦的忏悔,还是交给别人去干吧!

我在班上很受欢迎,因为我的法译外与外译法十分出色。在这样一个拉丁化与希腊化的环境中，我们学的是阿尔班的国王普罗卡斯与他两个儿子努米托尔和阿穆利乌斯的故事。人们聊到西内吉尔，这位领力强大的人在战斗中痛失双手，仍然死死用牙齿咬住一艘波斯风帆战船，并将其扣留。

人们说腓尼基人卡德穆斯把龙齿当成蚕豆播下，并从田中募集了一支雇佣军。这些士兵一边从田地里钻出来，一边相互屠戮。这场杀戮的唯一幸存者，是一个心肠歹毒的人，很明显，他就是粗大臼齿的儿子。

倘若有人和我谈论月亮上的事情，我可能会无比的惊讶。在这个充满英雄和神话的梦幻世界中，小虫子总是给我慰藉。

即使在模仿卡德穆斯与西内吉尔伟绩的同时，我也不会忘了每星期日和星期四去看看报春花、黄水仙是否已现身草原，朱顶雀有没有在刺柏上孵蛋，花金龟有没有从摇曳的白杨树上噼里啪啦地掉下来。大自然始终对我充满了无穷的吸引力。

慢慢地，我接触到了维吉尔的作品，很快喜欢上了科里冬、墨纳尔克、达墨塔斯、梅丽贝等人物。幸亏曾经我那牧羊人的捣蛋行径没有被人发现。除了人物的故事，书中还详尽地描绘了主角所到之处的蝉、蜜蜂、斑鸠、小嘴乌鸦、山羊、金雀花等细节。用朗朗上口的诗句描述田野里的事物，这才是地地道道的享受。拉丁诗人也因此在我的脑海里留下了难忘的印象。

然而，我突然被迫告别了学习生活，告别了蒂迪尔与墨纳尔克。我们的家庭遭遇了不幸，几乎断了口粮。

孩子，听凭上帝的安排吧，天下之大，总有地方让你糊口，生活将沦为可怕的地狱。好了，我们还是不要说这个了。

在飘摇不定的日子里，我对昆虫的兴趣应当消减了吧。可是事实并非如此，这种爱好在"墨杜萨号"的木筏上依旧浓烈。第一次见到松树鳃金龟的记忆依然留存在我的脑海里。那触角的羽饰、栗色底纹上点缀着白色的斑点，宛如黯淡苦难中的一缕阳光。

幸运之神从不抛弃勇者，我来到了沃克吕兹初级师范学校。在这儿我得到了糊口的食物，干栗子和鹰嘴豆熬的粥。校长是一位有远见卓识、大度慷慨的人，他很快对我充满了信心，甚至给了我自由行动的权利，前提是完成教学大纲规定的学业。

我以前接触过拉丁文与拼读法，所以学起来比同学们稍领先些。我于是借此机会来整理那些植物、昆虫的粗浅知识。当周围的同学翻开词典，埋头检查听写练习时，我却在书桌上悄悄研究金鱼草的壳和欧洲夹竹桃的果实,以及步甲的鞘翅、胡蜂的螫针。

就这样见缝插针,偷偷摸摸地学习和积累,我开始尝到了自然科学的滋味,因此当我走出学校时,对昆虫和花儿的沉迷比任何时候都更甚。

可是我却不得不放弃它们,将来的生计,学识的不足,都令我不得不决绝地放弃。学校连养活老师都有困难,我又怎么能指望学到额外的知识呢?

研究那些花草虫鱼根本不能为我带来任何东西,何况当时的教育认为它们不配与拉丁文、希腊文这样的学科相提并论。

因此对我而言,余下的就只有数学了,它所需的工具不多,也就是一块黑板、一支粉笔和几本书罢了。

于是,我开始废寝忘食地学习圆锥曲线、微分与积分。无人带领,更无人指导,我孤军奋战,日复一日地披荆斩棘，与困难做斗争。我坚忍不拔、持之以恒地努力，最终揭开了数学的神秘面纱。

然后我开始以同样的刻苦努力学习物理，把书本想象成实验室，不分昼夜地钻研和学习。

大家可以想见，在这样废弃忘食的学习中，我原本钟爱的科学会变得怎样呢？只要稍稍冒出一点儿松懈的念头，我就会狠狠地谴责自己，生怕自己经受不住某种新的禾本植物或是陌生鞘翅目昆虫的引诱。我对自己毫不心软，自然科学的书籍全都被我抛到脑后，压到了箱底。

后来，我被派往阿雅克修中学，担任物理和化学教师。这一次，我受到了巨大的诱惑。辽阔的大海蕴藏着无数的奇迹，波浪卷起五颜六色的贝壳送到沙滩上，密林中的香桃木、野草莓和乳香黄连木，大自然似乎在以迷人的姿态，定要和数学的余弦分出个高低。

最终我还是屈服了,我把课业时间分为两块,其中大块时间属于数学。依据我的规划,数学将会是我大学学业里的基础。

剩下的时间我思索再三,还是把它们用于采集植物标本,研究海洋动物。假如我没被 X、Y 缠身,我会一头扎进爱好当中,到时候我会探寻到什么样的一片国度啊,会完成什么样的研究啊!

我们就像麦秸秆那样,只能任由狂风吹打。当我们以为能够到达心仪之地,命运却将我们推往相反的方向。

年少时期花费巨大精力学习的数学,对我几乎没有任何用处;我曾经为之节衣缩食的昆虫,却慰藉了我的晚年生活。可是,我并不会因此就对一直敬畏的余弦怀有怨恨,尽管它曾令我面色苍白,可是当我夜晚久久无法入睡的时候,它却能让我躺在床上而得到消遣,即使现在也依然如此。

就在这个时候，一个来自阿维尼翁的植物学家雷基安来到了阿雅克修中学，他很有名气，腋下总夹着一个纸板盒，里面装满了灰色的纸张；他走遍科西嘉岛去采集各种植物标本，并将这些标本仔细地压平、烘干，然后分送给朋友们。我们不久便结识了。一有时间，我就陪他东奔西跑，研究植物。这位大师从未有过像我这般钻研的弟子。

说实话，雷基安并不是一个学者，只能算作一位狂热的植物收集者。只要说起某种植物的名称、地理分布，几乎没人可以跟他一决高下。一根草、一层苔藓和地衣，一条藻类的细丝，没有他不知道的。在科学的命名工作刚开始时，这是多么珍贵有用的资料啊！他对众多植物进行了系统分类。

从雷基安那里，我学到了很多植物学的内容，假如死神不是那么着急带走他，我们的交情肯定会更深。他有一颗慷慨的心，总向遇到困难的新手敞开胸怀。

之后的一年,我结识了莫康·唐东。我们通过雷基安认识,我跟他有过几封书信往来,内容都是关于植物学的。

这位图卢兹的著名教授通过参考植物图集,对我们这儿的植物区进行了系统描述。他到达的时候,旅馆所有房间都被前来参加会议的省议员订完了。于是,我热情地向他提供了食宿,一张面向大海、临时搭起的单人床,海胆、大菱鲆和海鳝等寻常菜肴,对于这位初来乍到的植物学家而言,我所准备的东西新鲜美味得很,他被深深感动了。在餐桌上,我们对了解的东西尽情畅谈。十五天之后,我们完成了植物采集工作。

在和莫康·唐东相处的日子里,我发现了自己新的潜能。哦,莫康·唐东并非只是一位记忆力极强的专业词汇分类学家,更是一位思路开阔的博物学家，一位从日常微不足道的小细节上升至恢宏世界的哲学家，一位擅长用形象生动的语言去揭示真理的诗人与人文学者。此后，我再也未有过当时那种精神上的欢悦。

他直言不讳地奉劝我："果断点，抛弃数学吧！没人对那些无聊的公式感兴趣。来观察昆虫、研究植物吧！如果你真像我看到的那样，血管里奔涌着无穷的热情，放心吧，日后你一定会找到属于你的听众。"

我们出发前往岛心的雷诺索山，我对这座山十分熟悉。

莫康·唐东在此采集到了白霜不凋花，这种花儿犹如一块银色的罩布，科西嘉人把它称为"盘羊草"或是"毛茸茸的玛格利特皇后"，它好似身穿一件棉絮织就的袄子，在白雪旁瑟瑟发抖。莫康·唐东还采集到不少罕见的植物品种,这令他喜出望外。对我而言,他说过的话,激动的样子,远比白霜不凋花更吸引我、打动我。

当我们一起走下寒冷的山峰时,我在心中做出了抉择:放弃数学!

他临走之前对我讲:"你能专心研究贝壳,这很不错,然而还远远不够,你应当更加集中于昆虫的研究。我来教你该怎么做。"

于是,他从缝衣篓里拿出一把剪刀和两根匆忙用葡萄嫩枝安上柄的缝衣针,开始在盘子深的水里解剖一只蜗牛,我在一旁观看。他一步步地解释、描述解剖出来的器官。

这就是我一生中听过的唯一一次博物学课,也是令我终生难忘的一堂课。

是时候做总结了。

我应该问一问自己本能的事，毕竟沉默的圣甲虫不会告诉我答案。

我尽可能地审视内心深处，终于找到了答案："从我还是个孩童起，从智力启蒙开始，我就流露出对自然事物的热爱。换一种更直白的说法，我具有观察事物的天分。"

详细介绍完直系亲属以后，再用遗传来解释我的爱好似乎就显得不太恰当，引用大师们的话与例子也不合适。我从未接受过系统科学的教育，也不曾拥有学校的知识。除了参加考试，我从未走入过大学的课堂。

没有老师、没有引导，也经常缺少书本。尽管苦难像闷熄箱一样令我窒息，我还是锲而不舍地前进，我咬紧牙关坚持，迎头顶住考验，无法扼杀的天分和才能最终露出一些端倪。

可假如环境能够有助于它的发展，这种天赋或许还能带来一些价值。我天生是一名动物画家，为什么是？怎么是？毫无答案。

所以，我们每个人都有不同的人生方向，所行的旅程也有远有近，每个人都有其特质，就好像是深深打在身上的烙印，而这种特质的根源却无从可考。

它们之所以是这样，只因为它们是它们。天才的儿子可能是个傻子。天赋无法后天获得，但可以通过练习进行完善。倘若血管里没有天赋的种子，即使放在温室里精心栽培，也永远无法获得天赋。

当人们提到动物，它们的本能就好像我们的天赋。

本能与天赋二者都是处在平凡之上的高峰。

本能可以代代相传，对于某个物种来说，它永不改变，程度一致。它是永恒的、普遍的。从这点来说，本能和天赋截然不同。

天赋不可以代代相传，且个体之间迥然相异。

本能是家族神圣的遗产，它赋予家族中的每一个个体，从不区别对待。

对本能来说，不存在任何差异，它也不依附同类的结构，它就如天赋那样在某个地方显露出来，不需要什么重要的理由。它无法预测，也无法用身体来解释。当问到食粪虫和其他昆虫这个问题时，它们全凭着自己的本能答复我们："本能即是虫子的天赋。"

宋傲　译